西安石油大学优秀学术著作出版基金资助

低渗透砂岩储层
微观孔喉结构定量表征

黎　盼◎著

U0264334

中国石化出版社
·北京·

图书在版编目(CIP)数据

低渗透砂岩储层微观孔喉结构定量表征 / 黎盼著.
北京：中国石化出版社，2024.7. -- ISBN 978 - 7 - 5114 -
7626 - 5

Ⅰ. P588.21

中国国家版本馆 CIP 数据核字第 20246VB839 号

中国石化出版社出版发行

地址：北京市东城区安定门外大街 58 号
邮编：100011　电话：(010)57512446
发行部电话：(010)57512575
http://www.sinopec-press.com
E-mail:press@sinopec.com
天津嘉恒印务有限公司印刷
全国各地新华书店经销

＊

710 毫米×1000 毫米 16 开本 9.75 印张 165 千字
2024 年 7 月第 1 版　2024 年 7 月第 1 次印刷
定价：78.00 元

前　　言

　　我国低渗透砂岩储层具有微观非均质性强、沉积物成熟度低等地质特点，具有孔喉半径小、毛管压力高和孔喉网络结构复杂等微观特征，同时存在可动流体饱和度小、油水互相干扰程度高和水驱油效率低等渗流矛盾。位于鄂尔多斯盆地的姬塬油田属于我国典型的低渗透砂岩油田，其储层孔喉细小、孔喉连通性差异较大，渗流规律受沉积作用、成岩作用、孔喉结构非均质性、流体性质等多种因素的耦合控制，导致该类储层开发矛盾突出、开发难度大、采出程度低、大量剩余油富集。降低姬塬油田的开发难度、明确剩余油富集规律、制定合理的注水开发方案，可提高油藏原油采出程度，从而保障油田稳产工作顺利进行。

　　本书以鄂尔多斯盆地姬塬油田 T 井区长 4 + 5 储层和长 6 储层为例，应用常规物性分析、铸体薄片和扫描电镜鉴定、高压压汞和恒速压汞、核磁共振和油水相渗以及真实砂岩微观水驱油等多种实验方法，从储层的宏观特征和微观特征两个方面开展低渗透砂岩储层微观孔喉结构表征及生产特征分析。此外，剖析了不同类型储层的微观耦合机理，对不同类型流动单元的储层岩石学特征、微观孔喉结构特征及油水运动规律与生产动态特征的响应关系进行了重点分析。

　　全书共包含 6 章。第 1 章对微观孔喉网络分布、微观渗流机理做了介绍；第 2 章介绍了低渗透砂岩储层的基础地质特征；第 3 章至第 6 章主要介绍了笔者近年来的研究成果，总结了低渗透砂岩储层微观孔喉结构特征及渗流机理，分析了生产动态特征与微观孔喉结构特征及油水运动规律的响应关系。

本书的出版由西安石油大学优秀学术著作出版基金资助。

由于笔者水平有限，书中难免存在不妥之处，敬请广大读者批评指正。

目 录

第1章 概　　述

　　鄂尔多斯盆地油气资源比较丰富，截至目前，已经历一个多世纪的勘探开发，开发前景十分广阔。鄂尔多斯盆地构造平缓、沉降稳定，储层孔喉结构复杂、岩石颗粒细小、天然微裂缝较发育，属于典型的低孔特低渗透砂岩储层。我国低渗透砂岩储层主要分布在东北地区的松辽盆地、豫鲁地区的东濮凹陷，以及陕甘宁地区的鄂尔多斯盆地等，其中鄂尔多斯盆地的低渗透砂岩储层分布最为广泛。低渗透砂岩储层具有采出程度低、生产矛盾突出、储量大、产量低等特点，需要采用先进的勘探开发技术才能确保发挥出其开采价值。随着国内外油气田开发技术的迅猛发展，对储层的研究已经从定性的、平面的和二维分布的描述转变为三维的、立体的、微观化的深入剖析，为后期油气田的高效开发奠定了可靠的储层地质基础。

1.1　低渗透储层简介

　　低渗透储层一般指渗透性能较低、丰度低及单井产能低的储层。国外对低渗透储层的研究起步较早，至今已有近150年的历史。1871年，美国的研究人员发现了勃莱德福油田，在国际上拉开了开发低渗透油田的序幕。国外研究人员认为，低渗透油田在开采初期地层能量充足、地层压力高，且在无水和低含水开采期主要利用天然能量进行开采。但是，依靠天然能量开采的储层产量递减较快、采收率较低，采收率一般只能达到8%～15%。因此，研究人员在利用天然能量开采的基础上提出了二次采油。二次采油主要是指对地层进行人工注水开采，利用注水这一方式来保持地层能量。研究结果表明，利用注水这一方式补充地层能量后，采收率可提高至25%～30%。国外研究人员通过对多个低渗透砂岩油田的研究发现，天然能量主要由溶解气驱供给，其次为边水驱动和弹性水压驱动供给。此外，注驱替剂和注气也成为很多低渗透油田的开采方式。在西伯利亚油田，研究人员通过向储层中注入轻烃等气水混合物实现混相驱采油，这种开采方式的驱油效率比直接注水驱替的驱油效率高出13%~26%。2000年，据俄罗斯相关报道，采用向储层中注气和气水混合物等方式驱油，储层的开采效果较好。随后研究人员通过对低渗透储层进行深入评价和分析，提出了对低渗透储层采用注气态烃、二氧化碳、蒸汽及热水等方式提高油田经济效益的观点。

近年来，国外主要采用注水、注气或气相混合驱替及压裂改造等技术来保持低渗透油田的高效开发。注水可以保持地层能量；注气或气相混合驱替可以提高原油采收率；压裂改造可以提高地层导流能力。这几种开发方式在国外低渗透油田的开发中被广泛采用，同时也取得了一定的经济效益。

随着时间的推移和技术的进步，国内低渗透油田的开发规模迅速扩大，使地下储层中的大量原油得到了有效动用。同时，国内石油行业学者对低渗透储层的界定标准也从之前的 $100 \times 10^{-3} \mu m^2$、$50 \times 10^{-3} \mu m^2$、$10 \times 10^{-3} \mu m^2$ 逐步缩小到 $1 \times 10^{-3} \mu m^2$、$0.5 \times 10^{-3} \mu m^2$、$0.3 \times 10^{-3} \mu m^2$，并陆续在塔里木盆地、松辽盆地、四川盆地、准噶尔盆地及鄂尔多斯盆地等发现了大量地质储量超过亿吨的低渗透油田。此外，在20世纪80年代，国内研究人员发现了我国最大的低渗透气田——苏里格气田，2009年苏里格气田的探明储量已达 $2.2 \times 10^{12} m^3$。近年来，低渗透油气田的大规模勘探开发为国内油气探明储量的快速增长发挥了重要作用。我国已经形成一整套先进的低渗透油气田开发技术，有力推动了国内多个低渗透油气田的经济、高效开发。

从国内外油气田勘探开发发展趋势来看，低渗透油气田在油气田勘探开发中的地位日益提升，已成为油气田开发的主流。在国内外新探明的油气田储量中，低渗透油气田储量所占的比例越来越大。低渗透油气田逐渐成为国内外各大油田企业的主要开发目标，并且低渗透油气田产量在新建油气田产量中所占的比例也越来越大。由此可见，低渗透油气田已成为国内外陆上油气开发建设的主战场，发展优势明显。但由于低渗透油气田受砂岩储层岩石结构复杂、可动流体饱和度小等因素的制约，导致其开发难度较大。

1.2 微观孔喉结构特征

微观孔喉结构特征研究是储层微观特征研究的主要内容之一，这项研究主要是对储层岩石空间内孔喉网络的分布特征进行详细描述，研究的因素包括孔隙半径、喉道半径、孔喉配置关系及连通程度等。在进行微观孔喉结构研究的早期，以实验统计学的方法为主，同时基于一些简单的常规物性分析方法和显微镜镜下观察方法，常用的方法有铸体薄片观察法和扫描电镜观察法等。采用铸体薄片观察法可在显微镜下观察到孔隙和喉道的几何形态、大小及分布特征等，但仅限于对岩心薄片中的孔喉特征进行半定量分析；采用扫描电镜观察法可观察到孔隙内黏土和胶结物等的基本特征，但仅限于定性描述孔喉结构特征。随着微观孔喉结构研究方法不断被改进，图像孔隙、X－衍射、常规压汞、恒速压汞、水驱油及油水相渗、润湿性测试、敏感性分析等实验方法相继出现，通过开展这些实验，可以从不同角度表征储层微观孔喉结构的分布特征，有针对性地解决地质研究中亟待解决的问题。

　　国外学者对微观孔喉结构的研究起源于 20 世纪 30 年代，到 50—60 年代，针对微观孔喉结构提出的研究方法越来越成熟，相继出现了一些新方法、新理论和新思路，进一步拓宽了这些方法在油气田开发研究中的应用范围，并在油气田的高效开发和高产稳产方面取得了显著效果。Washburn 于 1921 年首次提出了采用压汞技术研究微观孔喉结构，随着压汞技术的提出，对微观孔喉结构的研究进入了半定量化的阶段。压汞技术经过后期的完善和发展，得到广泛认可，成为微观孔喉结构研究的重要方法之一。60—70 年代，J. I. Gates、Crawford 和 Hoover 分别先后发现了压力波动、测定了压力波动、提出了描述压力波动的相关术语，此后主要采用恒速压汞技术和核磁共振技术与前期的实验方法相结合的方式开展储层微观孔喉结构研究。Yuan 和 Swanson 等率先提出了恒速压汞技术，并利用 APEX 孔隙测定仪器进行了首次恒速压汞实验。恒速压汞实验可分别对孔隙和喉道的发育特征及分布特征进行定量化表征。通过压力监测装置可测得在恒定的速度下，将水银注入岩石孔隙的压力变化，采用实验得到的孔隙进汞量和喉道进汞量可绘制毛管压力曲线分布图，进一步描述孔隙和喉道的变化特征。

　　为了满足油田实际生产的需要，我国对储层微观孔喉结构特征的研究在 20 世纪 70 年代得到了突飞猛进的发展，与此同时，对渗流特征的研究也取得了突破性的进展。80—90 年代，国内学者将微观孔喉结构的相关理论和方法进行了系统性结合。近年来，我国对储层微观孔喉结构的研究已经精细到微米级甚至纳米级，跨入了模型化、多参数特征相结合的新领域，取得了突破性的进展。采用医学和材料学等相关测试和分析方法可以提高对微观孔喉结构的研究精度，这类技术在油气田勘探开发研究中被广泛应用。铸体薄片观察从之前的二维薄片观察拓展到三维立体图像观察，打破了二维图像的局限性，更直观明了地表征了微观孔喉三维网络空间的分布特征。目前，研究储层微观孔喉结构主要利用铸体薄片观察法、图像孔隙分析法、图像粒度分析法、扫描电镜观察法等实验方法，定性观察和描述孔喉分布等静态特征；利用高压压汞及恒速压汞等实验技术，定量表征孔喉相互配置关系等动态特征。

由于低渗透砂岩储层微观孔喉结构比较复杂，仅靠单一的镜下薄片观察技术和压汞技术等研究手段难以描述其复杂性和特殊性，不易找出影响原油采收率的主控因素。因此，只有综合利用多种微观孔喉结构研究技术，根据油田实际资料，实现多学科和多领域的深度结合，才能更加全面和系统地对微观孔喉结构进行定量表征，找出影响微观孔喉结构的主控因素，为油气田的高效开发提供一定的理论支撑。

1.3 微观渗流理论

在一定压差下，岩石能使流体通过的能力称为渗透率。影响储层岩石孔喉中流体渗流的因素复杂多样，包括典型的非线性渗流特征、油水两相渗流规律及油水分布关系等。微观渗流理论是继微观孔喉结构研究之后，又一与多种实验方法相结合，定量表征低渗透砂岩储层孔喉结构中流体渗流的方法。

1856 年，Henry Darcy 通过实验研究得出了达西线性渗流定律。1970 年，J. T. Morgan 和 D. T. Gordon 在研究影响油水两相渗透率的主控因素时发现：储层岩石孔隙半径较大时，岩石空间内束缚水饱和度较小、可动流体饱和度较大、油相相对渗透率较大、油水两相共渗区面积较大；储层岩石孔隙半径较小时，岩石空间内束缚水饱和度较大、可动流体饱和度较小、水相相对渗透率较小、油水两相共渗区面积较小。相渗曲线的变化还受储层成岩作用的影响，不同类型成岩作用的孔喉结构特征不一样，导致油水相渗曲线的分布规律不一样。1988 年，Roland Lenormand 通过非润湿相流体驱替润湿相流体实验发现，流体呈现三种不同的驱替方式，分别为毛管力指进驱替、黏性指进驱替及稳定方式驱替。1990 年，G. R. Jerauld 和 S. J. Salter 等在研究不同类型孔喉结构的毛管压力与两相渗流的关系时发现，相对渗透率主要受孔隙流体分布的影响，孔隙空间中流体的赋存状态受到毛管压力的影响，孔喉结构的分布与毛管压力滞后类型有直接联系。1999 年，E. Dana 和 F. Skoczylas 通过对气相相对渗透率的研究发现，非润湿相相对渗透率受三维孔喉结构的影响。近年来，Oussama Gharbi 和 Martin J. Blunt 等通过对岩石的润湿性、连通性与相渗曲线的关系研究发现，砂岩孔喉结构的连通性越好，储层渗流能力越强，水驱油过程中残余油饱和度越小、可动流体饱和度越大。综合研究发现，渗透率受润湿性的影响不明显，纯水湿相和纯油湿相的油藏开发效果比油水两相的混合润湿相的油藏开发效果差。

国内对流体微观渗流特征开展研究的主要方法包括核磁共振实验、油水相渗实验、真实砂岩微观模型驱替实验及 CT 扫描成像技术等，采用这些方法可定量表征流体在储层岩石中的可动用程度。利用核磁共振实验可确定不同类型孔喉结构对流体分布的控制程度；利用油水相渗实验可得到端点饱和度及油水相渗曲线的分布规律，从而判断出储层岩石的润湿性。核磁共振技术在储层研究中的运用始于 20 世纪 90 年代，其基本原理是饱和水的岩心样品在静磁场力的作用下，岩样中流体所含的氢核容易被极化，利用氢核弛豫率和孔隙尺寸的关系获取 T_2 谱，通过 T_2 谱的分布特征反映孔喉结构的分布情况，进一步研究油水分布及其运动规律。采用真实砂岩微观模型驱替实验模拟实际地层中注水开发时的水驱油过程，不仅可以直接观察到岩石空间内油水的运动规律，还可以观察到不同类型的岩石孔隙空间中残余油的赋存类型及分布范围等。

低渗透砂岩储层的微观渗流机理能更直观地反映流体的可动用程度、束缚程度，以及流体赋存于储层岩石孔隙空间中的物理性质等，同时还可以呈现储层的沉积背景和成岩作用对孔喉结构的控制作用，进一步表征流体的运动规律。在不同沉积背景和构造下，储层岩石内部结构不同，孔隙类型也不同，进而导致可动流体赋存规律及水驱油微观渗流特征均存在差异。因此，对低渗透砂岩储层孔隙空间中赋存的流体开展微观渗流规律研究，可为寻找剩余油的分布规律、制定合理的注水开发方案、提高原油采收率提供可靠依据。

1.4 流动单元介绍

早在 1984 年，Hearn 等就提出了流动单元的概念，他们将储层内部性质相似的、侧向和垂向上连续的储集岩体称为流动单元。Hearn 将 Shannon 油田的砂岩储层划分为 A、B、C、D、E 五种不同类型的沉积相，分别为中心坝相类、坝缘相 I 类、坝缘相 II 类、坝间相类及生物扰动粉砂岩相类。由于受到地层沉积和埋藏作用的影响，五种沉积相在生产上表现出地域性差异。Hearn 还强调，不同的流体介质是紧密相连的，渗透率的差异性使流体的流动呈现出不同的规律，流动单元的划分就是对砂岩的具体成分进行划分。

20 世纪 90 年代，Kamers 等在 Hearn 的研究基础上，对流动单元做了更深入的研究，他们认为，流动单元应该是岩性和物性相近的一类储集砂体，同类型的砂体在平面和剖面上都是连续的。随着科学技术的迅猛发展，流动单元的划分标准也逐步被更新。1988 年，A. Rodriguez 等在 Hearn 的孔渗半对数坐标交会图的基础上，提出了利用相带或其他组合法进行流动单元划分的新方法。在分析过程中，Ti Guangming 等在 1995 年提出了按照储层岩石的几何特性和物理性质，可对流动单元进行有效划分，此外还可以应用储存系数及油气田开发动态数据进行流动单元的有效辨别和分析。

国内对流动单元的研究起步略晚。裘怿楠认为，流动单元应该是储层砂体的一部分，强调了流动单元是一个相对值，应根据不同沉积时期、沉积背景及实际生产条件等进行具体分析。1994 年，姚光庆认为，从流体运移规律的角度看，流动单元应该是一种岩石物理相。他将岩石物理相看成一个"水力单元"。1996年，穆龙新等认为，流动单元受到边界的限制和岩石颗粒的挤压表现为不同的形态，在储层的内部产生相互渗流的现象。鄂尔多斯盆地流动单元的划分一般根据中国石油长庆油田制定的《长庆油田不同类型油藏流动单元划分技术规范》进行。中国石油长庆油田将低渗透油田的开发分为两大类型：一类是利用自身的天然能量进行开发的渗透率相对较高的油藏；另一类是采用注水开发方式进行开发的低渗透油藏。根据不同类型油藏的地质和开发特征，选用与之对应的标准，划分流动单元。

近年来，国内外学者对流动单元的划分、理解和认识不断有新的不同的看法。流动单元的本质是建立在储层砂体上的一类储集单元，同一类储集单元的储层宏观非均质性、微观孔喉网络的空间分布及渗流特征非常相似。对流动单元进行划分，不仅能够实现对不同类型的储层进行多尺度精细刻画，还能够精细到储层的最小一级分隔体，为更加精细地表征地下流体的储集和流动特性，以及提高储层的研究精度提供了一定的支撑。

第2章　储层基础地质特征

随着油气田开发的不断深入，前期的储层地质研究引起了人们的高度重视，明确研究区的沉积体系、沉积背景及不同储层类型，有助于针对储层制定高效的开发方案。本章主要在小层精细划分与对比、地层厚度、沉积构造、砂体展布、沉积微相及单井相等方面，在剖面和平面上对储层基础地质特征进行深入研究，为后续对储层的其他相关研究提供可靠的依据。

2.1　区域地质概况

横跨中国陕西、甘肃、宁夏、内蒙古和山西的鄂尔多斯盆地是中国第二大沉积盆地，总面积达 $37 \times 10^4 \mathrm{km}^2$。盆地轮廓为不对称矩形，被东部的吕梁山、西部的六盘山、南部的秦岭、北部的阴山环绕，呈现出黄土高原和沙漠草原的地貌特征。从盆地构造特征上看，盆地西降东升、东高西低、坡降较小。盆地内油气聚集具有面积大、分布广、复合连片、多层系分布等特点。鄂尔多斯盆地经历了一个多世纪的勘探与开发，其油气资源比较丰富，开发前景良好。盆地内部结构简单、构造平缓、沉降稳定，储层孔喉结构复杂、岩石颗粒细小、天然微裂缝较发育，属于典型的低孔特低渗砂岩储层。

发育于鄂尔多斯盆地构造背景下的姬塬油田，其构造位于天环坳陷和伊陕斜坡两个构造单元的交接部位，主体处于伊陕斜坡中西部，地理位置位于陕西定边县和宁夏盐池县境内，是中国石油长庆油田勘探开发的主战场之一。在西倾单斜背景下，发育了由差异压实作用形成的一系列低幅度鼻状隆起，这些隆起整体相对平缓。成藏因素主要由沉积相带及储层岩性和物性控制，在此基础上发育了多个鼻状隆起带，隆起轴宽在 2~5km，隆起幅度在 10~20m，具有较好的继承性。姬塬油田地质条件复杂，开发难度大，但油气资源丰富，开发前景良好，侏罗系下统延安组和三叠系上统延长组是该油田的主要含油开发层系。

本书中所研究的长 4 + 5 油层组和长 6 油层组主要分布于姬塬油田 T 井区（图 2 - 1），共动用含油面积 9.5km^2，工区面积 39.7km^2，累计建成产能 134 × 10^{4}t。其主体构造位置在伊陕斜坡中西部，发育了一系列低幅度鼻状隆起。T 井区自上而下钻遇的地层包括侏罗系下统延安组和三叠系上统延长组，其中延长组长 4 + 5 油层组和长 6 油层组为姬塬油田 T 井区的主力产油层。该区受东北部物源的影响，沉积了一套三角洲前缘相的砂体。

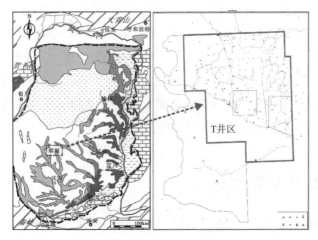

图 2 - 1 鄂尔多斯盆地姬塬油田 T 井区位置示意图

2.2 地层精细划分与对比

2.2.1 基础地层特征

鄂尔多斯盆地三叠系上统延长组为一套砂泥岩互层的旋回性沉积体系，按照区块岩性、电性及旋回特征，可将延长组自下而上分为 10 个油层组。

延长组上部、中部、下部的主要沉积体系分别为河流相沉积体系、三角洲相沉积体系、河流相沉积体系，其中上部和中部为砂泥岩互层，下部为粗砂岩。在不同的构造环境中，储层的岩性特点不一样，延长组的岩性特点主要为正韵律、反韵律、复合韵律等的多期旋回变化，正、反旋回变化特征在区域内有较好的可对比性。根据研究区不同的岩性、电性及特殊岩性特征，在延长组长 10 至长 1

油层组中，自下而上识别出 10 个区域性标志层，分别为 K_0 至 K_9 标志层。这些标志层的厚度一般较小，在测井曲线上表现为高自然伽马和低电阻率等特征，以发育泥岩、页岩、灰岩及煤线为主。

长 4 + 5 油层组是三叠系延长组主要的生油岩和盖层，该油层组的沉积保留了长 6 油层组沉积的特征，并在此基础上覆盖了三角洲湖沼相泥岩，使得该油层组沉积相带朝着平原化和沼泽化方向发展。利用 K_5 标志层可将长 4 + 5 油层组细分为长 $4 + 5_2$ 和长 $4 + 5_1$ 两段油层，该标志层的岩性为黑色的泥页岩，发育水平层理。在测井曲线上表现为声波时差、自然伽马、自然电位偏高，电阻率偏低，密度、声波时差及自然伽马等测井曲线的幅度对应性较好，特征比较明显。长 $4 + 5_2$ 油层内泥岩厚度较大，且出现砂泥岩互层，呈现出三角洲前缘粉细砂岩相和三角洲平原中砂岩相的特征。长 $4 + 5_1$ 油层局部夹杂着煤线，主要表现出三角洲前缘粉细砂岩和灰黑色泥岩等岩性特征。

长 6 油层组沉积时期，湖盆开始收缩，该时期为盆地内三角洲沉积的主要形成时期，属于盆地演化过程中沉积物充填的高峰期之一。长 6 油层组沉积期较长 7 油层组沉积期短近 60%，浅水及深水湖盆占据了主导地位。

2.2.2 小层划分与对比原则

油气田勘探与开发研究中最基础且最重要的工作是小层划分与对比，通过小层划分与对比，为后期精细划分开发层系和制定开发方案提供小层的地层厚度、砂岩厚度、孔隙度、渗透率及砂地比等有关储层特征的基础数据，为解决油气田开发过程中遇到的问题提供支撑。本书中小层划分与对比是在前人研究的基础上，收集研究区的测井资料、录井资料和岩性资料等，先找出测井曲线中特征较为明显的井进行单井划分，同时与邻井对比分析，再找出具有明显辅助标志层的单井进行对比分析；利用测井曲线的旋回特点和地层厚度相近原则，对标志井邻近的单井进行对比分析。在标志井的旋回控制下进行分级控制，先找区域标志层，再找局部标志层，先对大层进行对比分析，再对小层进行对比分析。

1. 区域标志层

在油气田勘探与开发研究的不同阶段，由于后期的研究精度、研究目的及开发方案的差异性，对小层划分与对比的精度及层系划分的标准不相同。当油田进入开发后期时，为了满足开发的需要，在原有井网的基础上部署了部分加密井，使得油田的井网密度变大，用于小层划分与对比的资料更加全面。

笔者首先在 T 井区 281 口井中寻找旋回特征最明显且分布广泛的测井曲线，确定单井的分层标志和分界线。在对比分析该井区测井资料后发现，K_2 标志层和 K_4 标志层为区域标志层。其中，K_2 标志层最为明显，是长 7 油层组与长 6 油层组的分界线，其测井曲线表现出声波时差和自然伽马高、井径大、电阻率和密度小、自然电位曲线异常等特点。该标志层的岩性主要为黑色泥岩，含少量的凝灰岩，分布稳定，厚度为 0.5 ~ 1.5m，由于该标志层容易被识别，因此可用来确定长 6_3 油层的底部位置[图 2 – 2(a)]。

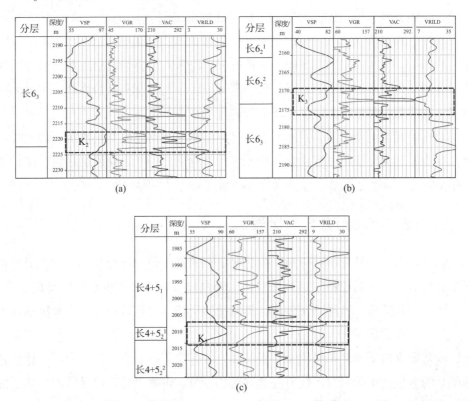

(a) (b)

(c)

图 2 – 2　姬塬油田 K_2、K_3、K_5 标志层测井曲线特征

K_4 标志层为长 6 油层组与长 4 + 5 油层组的分界线，主要为一套广泛沉积的斑脱岩，测井曲线表现出电阻率小，以及声波时差、自然伽马和自然电位高等特点，岩性表现为黑色和灰黑色泥岩。

2. 局部标志层

通过单井对比分析发现，K_3 标志层和 K_5 标志层为局部标志层。其中，K_3 标志层大致位于长 6_2 油层底部界线处，分布于长 6_3 油层和长 6_2 油层之间，为长 6_3

油层和长 6_2 油层分层的标志层。该标志层的测井曲线表现出自然电位、自然伽马高和电阻率小的特征,岩性为灰黄色凝灰岩和深灰色泥岩[图2-2(b)]。

K_5 标志层的厚度约为 1m,位于长 $4+5_1$ 油层和长 $4+5_2$ 油层之间,为长 $4+5_1$ 油层和长 $4+5_2$ 油层的分界辅助标志层。该标志层的测井曲线特征表现为高自然伽马、高声波时差、低电阻率、大井径等特点,声波时差和自然伽马曲线表现为锯齿状,分布稳定且特征较明显[图2-2(c)]。

3. 厚度原则

地层厚度的大小可作为小层划分与对比的参考标准之一。鄂尔多斯盆地在沉积演化过程中,地层比较平缓,盆地内部的地壳运动以整体的垂直升降为主,沉积演化特征表明小层厚度变化幅度不大,地层厚度值相近。由表2-1地层划分与对比结果可以看出,各小层的平均地层厚度基本接近。

表2-1 姬塬油田T井区长4+5油层组和长6油层组小层划分对比

区块	油层组	油层	小层	平均地层厚度/m
姬塬油田 T井区	长4+5	长 $4+5_1$	长 $4+5_1^1$	24.2
			长 $4+5_1^2$	24.8
		长 $4+5_2$	长 $4+5_2^1$	27.2
			长 $4+5_2^2$	29.5
	长6	长 6_1	长 6_1^1	27.7
			长 6_1^2	28.8
		长 6_2		32.1
		长 6_3		34.2

4. 旋回原则

沉积旋回特征主要受地壳运动和气候变化的控制,同一储层在不同时期沉积旋回的特征不同。但同一时期沉积的地层,由于受到地壳运动及自然环境的影响也可能出现沉积旋回相似的现象。不同类型的测井曲线沉积旋回特征可作为小层划分与对比的参考依据,沉积旋回对比是一种较为有效的方法。

测井曲线值从下至上由大变小或者由小变大为一个旋回,如对比研究区的主力油层长 $4+5_2$ 各小层测井曲线时发现其均具有从下至上曲线值由大变小的正旋回特征,表明储层沉积微相为水下分流河道,测井曲线的旋回特征较明显,沉积相带发育较完整。

2.2.3 地层划分与对比结果

在区域标志层和局部标志层、地层厚度、旋回等原则的基础上，对研究区281口探井和开发井进行了地层划分与对比，分别选取了具有代表性的钻探深度大、层位较齐全、区域标志层明显的井位，建立了南北方向和东西方向共16条地层对比骨架剖面。对北东—南西顺着物源方向的8条和北西—南东垂直物源方向的8条骨架井剖面进行了多方向的地层划分与对比(图2-3)。

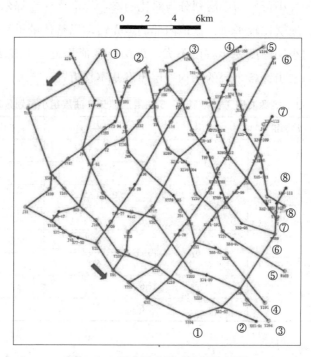

图2-3 研究区小层对比骨架剖面

按照地层划分与对比原则，结合测井资料，将研究区长4+5油层组划分为长4+5_1^1、长4+5_1^2、长4+5_2^1和长4+5_2^2四个小层，将长6油层组划分为长6_1^1、长6_1^2、长6_2和长6_3四个小层，总计划分出八个小层，各小层平均地层厚度分别为24.2m、24.8m、27.2m、29.5m、27.7m、28.8m、32.1m和34.2m(表2-1)。

选取其中垂直物源方向和顺着物源方向的两个典型地层对比剖面进行分析。

1. Y194井—Y91井顺着物源方向地层对比剖面

Y194井—Y91井为北东—南西顺着物源方向的连井剖面，位于T井区的东部，对应 T 井区顺着物源方向的 5 号连井剖面。该剖面上共分布有 10 口井，其中每口井的地层均保存完整，将其按照长 $4+5_1^1$ 小层的顶部拉平，可以看出从长 $4+5$ 油层组至长 6 油层组各小层的地层厚度变化幅度较小，集中在 $21\sim$ 33m，未出现明显的地层起伏现象，各个小层间的地层厚度变化相对稳定（图 $2-4$）。

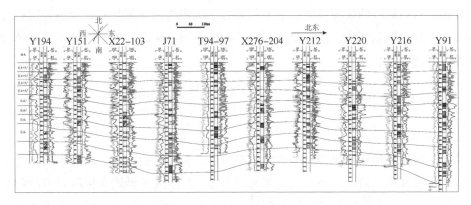

图 $2-4$ Y194 井—Y91 井顺着物源方向地层对比剖面

2. Y104 井—Y191 井垂直物源方向地层对比剖面

Y104 井—Y191 井地层对比剖面处于研究区中部偏西，为北西—南东垂直物源方向，对应研究区中垂直物源方向的 4 号连井剖面。该剖面上共分布有 8 口井，8 口井的地层均保存完整，将其按照长 $4+5_1^1$ 小层的顶部拉平后，可以看出从 Y104 井至 Y91 井各小层地层厚度变化不明显，地层厚度主要分布在 $25\sim35$m（图 $2-5$）。

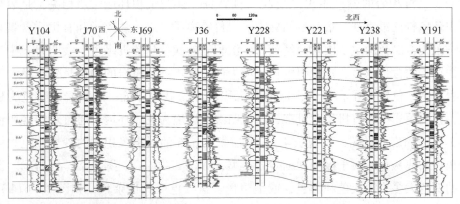

图 $2-5$ Y104 井—Y191 井垂直物源方向地层对比剖面

2.3 沉积相及砂体展布

沉积相展布和油气分布情况紧密相连，沉积相分析是储层特征研究的重要内容之一。沉积相是指在特定的沉积条件下形成的具有一定特征的沉积体，沉积相研究包括对研究区的物源方向、主要相标志、沉积构造及测井曲线形态等进行分析。在不同的沉积相中，油气储存和运移特征不同，从而导致砂体展布及砂体储集油气的能力存在差异。

2.3.1 沉积相

1. 物源方向

鄂尔多斯盆地延长组为一套典型的湖泊–三角洲沉积体系。湖盆内部发育了陡坡、缓坡及扇三角洲三种不同类型的沉积体，位于天环坳陷和伊陕斜坡这两个构造单元交接部位的姬塬油田属于缓坡。结合前人的相关研究，姬塬油田 T 井区长 4 +5 油层组和长 6 油层组主要在鄂尔多斯盆地三叠系上统由碎屑岩组成的三角洲朵状体中较为发育，由北东向南西方向延伸。研究区的物源主要位于北东方向，由于伊陕斜坡的地形较平缓、构造形态简单，长 4 +5 油层组和长 6 油层组沉积时期由多条河流携带的沉积物快速堆积，三角洲呈现长轴状并由北东向南西方向延伸，物源方向为北东—南西。

2. 主要相标志

沉积相的相标志可从岩心样品的外貌上观察到，包括岩性和古生物等沉积相标志。沉积岩的颜色不仅能反映岩性特征，还与沉积环境密切相关，是表征沉积环境特征最直观、最醒目的标志。二价铁离子、三价铁离子和有机质含量是影响沉积岩颜色的主要因素。经统计，沉积岩的颜色越接近绿色，表明岩石中二价铁离子的含量越多，这说明沉积环境为还原环境；沉积岩的颜色呈紫红色，表明岩石中三价铁离子含量多，这说明沉积环境为氧化环境；沉积岩的颜色为黑色，说明泥岩中的有机质含量多，这说明沉积环境为还原环境。通过观察姬塬油田 T 井区的岩心样品，发现长 4 +5 油层组和长 6 油层组沉积岩的砂岩颜色大多为灰色和浅灰色，属于极细和细砂岩类型，如图 2 – 6(a)、图 2 – 6(c)所示。泥岩的颜色大多为深灰色和黑色，或呈暗色、紫红色或其他杂色，如图 2 – 6(b)、图 2 – 6(d)所示，表明 T 井区长 4 +5 油层组和长 6 油层组沉积时长期处于水下还原环境中。

(a)细砂岩，Y179井，1840.00m，长4+5

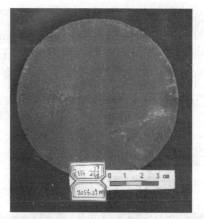
(b)泥岩，Y333井，2053.29m，长4+5

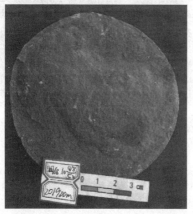
(c)极细砂岩，X68井，2019.00m，长6

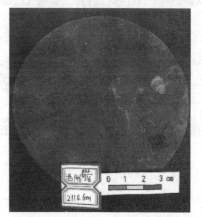
(d)泥岩，X146井，2110.60m，长6

图2-6 研究区长4+5油层组、长6油层组储层岩心颜色及粒度特征

3. 沉积构造

沉积构造受沉积环境的影响，在研究中可利用岩石的层理特征来描述沉积构造，如平行层理方向为顺古水流方向，逆层理方向为逆古水流方向。通过观察姬塬油田T井区取心井的岩心，发现该研究区沉积岩的层理丰富多样，以及层理的发育较为普遍。常见图2-7(a)所示的块状层理、图2-7(b)所示的板状交错层理、图2-7(c)所示的波状层理、图2-7(d)所示的冲刷滑塌构造、图2-7(e)所示的平行层理及图2-7(f)所示的楔状交错层理等。研究表明，碎屑颗粒的粒度表现为在垂向上由粗变细和由细变粗交替变化，总体上为三角洲前缘沉积特征。

(a)块状层理，X27井，
2275.17m，长6

(b)板状交错层理，X27井，
2194.34m，长4+5

(c)波状层理，X57井，
2367.56m，长6

(d)冲刷滑塌构造，X146井，
2104.50m，长4+5

(e)平行层理，X95井，
2157.60m，长6

(f)楔状交错层理，X95井，
2158.50m，长6

图2-7　研究区目的层层理发育特征

4. 测井曲线特征

在储层研究中，常用自然电位、自然伽马、声波时差、电阻率等具有代表性的曲线进行研究，测井曲线随着地层埋深变化所体现出来的旋回特征、曲线形态、光滑程度、变化幅度、顶底接触关系及分布范围等不仅能更直观地反映储层的岩性特征，还能据此判断沉积环境中岩石垂向上的层序特征。测井曲线的形态特征常表现为指状、锯齿状、钟形、箱形及漏斗形等，还有部分由上述类型中任意两种或两种以上组合而成的复合类型。钟形曲线表明沉积过程中水动力由强变弱，箱形曲线表明沉积过程中水动力相对稳定，漏斗形曲线表明沉积过程中水动力由弱变强。结合前人研究，通过对 T 井区取心井的测井曲线形态特征进行分析，认为研究区长 4 +5 油层组、长 6 油层组为三角洲前缘沉积，可识别出水下分流河道、河口坝、天然堤、分流间湾四种微相，水下分流河道微相为其有利微相。四种不同沉积微相的测井曲线形态特征如下：

（1）水下分流河道微相岩性以中细砂岩为主，层理表现为楔状交错层理和平行层理，河道底部为冲刷面，测井相表现为中高幅钟形或箱形。

（2）河口坝微相岩性为泥质细砂岩、粉砂岩，层理表现为水平层理、楔状交错层理，底部为冲刷面，测井相为低中幅指形和小漏斗形。

（3）天然堤微相岩性为深灰色泥岩和泥质粉砂岩，层理表现为水平层理，偶见交错层理、块状层理，测井相为低幅微齿状或光滑曲线。

（4）分流间湾微相岩性以中细砂岩为主，层理表现为楔状交错层理、平行层理，测井相为中高幅漏斗形。

2.3.2　沉积微相

通过对研究区取心井岩石类型和颜色进行观察，结合测井资料、单井相、沉积相、砂体展布等综合分析成果，认为姬塬油田 T 井区主要发育三角洲前缘亚相沉积，由前述可知，利用沉积构造特征和测井相特征识别出河口坝、分流间湾、天然堤和水下分流河道四种沉积微相。

河口坝微相是河水在天然堤处溢出所形成的一类沉积微相，岩性主要由分选中等的细砂岩组成，在河流相中砂体呈透镜状，交错层理比较常见。水下分流河道微相属于发育在三角洲前缘亚相上的重要沉积单元，该类沉积微相的砂岩类型主要为碎屑砂岩，常伴生细砾岩和砾质较粗的砂岩，是油气聚集的主要储集体。水下分流河道微相的典型特征是自然电位和自然伽马曲线呈中高幅度的箱形和微幅度的齿状箱形。天然堤主要发育在水下分流河道两侧，岩石类型为砂砾石、粉砂和细砂，还部分发育植物化石碎片，电测曲线显示，自然伽马曲线多呈低幅齿化钟形和箱形等，常见波状层理及斜层理。研究区河口坝和天然堤属于欠发育的微相，水下分流河道和分流间湾属于较发育微相。分流间湾的岩性以灰黑色、灰色泥岩为主，包括少量细砂和植物化石碎片，电测曲线显示，分流间湾微相中自然伽马曲线呈微幅度的齿状，并且曲线值较高。

2.3.3　单井相分析

为体现姬塬油田 T 井区长 4 + 5 油层组和长 6 油层组沉积相的变化特征，在测井曲线形态特征、岩石学特征、储层物性特征及不同沉积微相特征等研究的基础上，对标志井 X57 井和 Y268 井做了单井相分析（图 2 - 8）。从 X57 井的单井相柱状图中可以看出，X57 井长 4 + 5 油层组主要发育分流间湾微相，长 6 油层组为分流间湾和水下分流河道微相交替出现［图 2 - 8(a)］。从 Y268 井的单井相柱状图中可以看出，Y268 井从长 $4+5_1^1$ 小层开始为分流间湾和水下分流河道微相交替出现，叠置砂体发育，砂体的连通性较好[图 2-8(b)]。

总体来看，研究区砂体在平面上呈带状展布，多期河道在平面上交叉，河道交叉处砂体堆积速度较快，砂体厚度大；垂向上的砂体发生叠加，整体受到东北方向的物源控制。

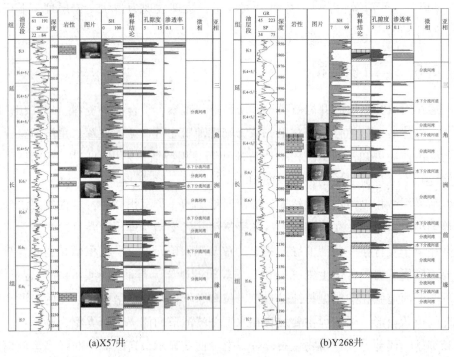

(a)X57井　　　　　　　　　　　　　(b)Y268井

图 2-8　标志井 X57 井和 Y268 井单井相柱状图

2.3.4　砂体连通剖面分析

砂体连通剖面是在单井相分析的基础上，建立各邻近井间纵向上相序关系的一种相分析方法。利用测井曲线资料，分析、对比和确定砂体在二维空间的展布特征，判断砂体的连通程度。结合 T 井区沉积相的分布特征及其所处的构造位置，在研究区 281 口井中选取有代表性的井建立 12 条砂体连通剖面，其中顺着物源和垂直物源方向分别有 4 条、8 条砂体连通剖面，对砂体的连通程度进行分析，选取垂直物源方向的典型沉积微相剖面(X24-61 井—Y264 井砂体连通剖面)进行对比与分析。

X24-61 井—Y264 井砂体连通剖面处于 T 井区的西南部，该剖面上总共分布有 12 口井，与北东—南西物源方向垂直，12 口代表性井均能较全面地反映该研究区的沉积特点。从 X24 - 61 井—Y264 井砂体连通剖面图中可以看出，长 4 +5 储层中的长 $4 + 5_2^1$ 小层和长 $4 + 5_2^2$ 小层的砂体发育较好，砂体的连通性较好，长 $4 + 5_1^1$ 小层和长 $4 + 5_1^2$ 小层的砂体发育一般，砂体的连通性较差；长 6 储层中的长 6_1^2 小层和长 6_2 小层砂体较发育。长 $4 + 5_2^1$ 小层、长 $4 + 5_2^2$ 小层、长 6_1^2 小层、长 6_2 小层的平均砂体厚度分别为 7.9m、9.9m、9.2m、5.8m。其中，长 $4 + 5_2^1$ 小层和长 6_1^2 小层砂体厚度变化比较明显，且长 $4 + 5_2^2$ 小层和长 6_1^2 小层砂体的连通性较好，长 6_2 小层砂体的连通性一般。其他小层在剖面上砂体的连通性较差，砂体呈透镜状分布于分流间湾微相中。长 $4 + 5_1^1$ 小层和长 6_3 小层砂体的连通性较差、砂体发育厚度小，约 5m。综合研究表明，X24 - 61 井—Y264 井砂体连通剖面主要发育水下分流河道和分流间湾微相，长 $4 + 5_1^1$ 小层中发育河口坝微相(图 2 - 9)。

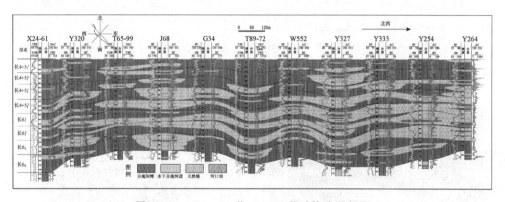

图 2 - 9 X24 - 61 井—Y264 井砂体连通剖面

2.3.5 砂体厚度和沉积微相平面展布

砂体平面展布研究是储层物性、非均质性及剩余油分布研究的基础，为注水开发方案的制定提供了可靠的地质依据。沉积微相的平面展布特征与地层厚度、物源方向、地貌特征及水动力情况等因素密切相关。在前面沉积相特征、构造特征、单井相特征及沉积微相剖面特征研究的基础上，进一步对研究区目的层的砂体平面展布和沉积微相特征进行分析。

通过绘制姬塬油田 T 井区长 4 +5 储层和长 6 储层的砂体厚度平面展布图和沉积微相平面展布图发现，长 4 +5 储层和长 6 储层在平面上砂体分布面积较大，砂体连片发育性较好，具有厚度大、分布广等特点。砂体厚度越大，说明储层的物性越好，为油气聚集和运移提供了良好的空间。其中，渗透性能较好的砂体在平面上连片叠加，成为厚度大、物性好的水下分流河道砂。水下分流河道微相的中部砂体堆积速度快且厚度大，是油气运移最有利的通道。

砂体展布受沉积微相控制，由砂体厚度平面展布图和砂地比平面展布图可知，长 $4+5_2^2$ 小层砂体展布好于长 $4+5_1^1$ 小层、长 $4+5_1^2$ 小层、长 $4+5_2^1$ 小层，长 $4+5$ 储层中 4 个小层的平均砂体厚度分别为 6.3m、5.3m、7.9m、9.9m，厚度变化不大；长 6 储层中长 6_1^2 小层砂体展布最好，其次为长 6_1^1 小层、长 6_2 小层、长 6_3 小层，长 6 储层中各小层的平均砂体厚度分别为 9.2m、8.7m、5.8m、5.3m。长 6 储层的单砂体厚度整体上较长 $4+5$ 储层单砂体厚度大，砂体连片性更好。通过绘制研究区长 $4+5$ 储层和长 6 储层各小层的砂体厚度平面展布图和沉积微相平面展布图，选取长 $4+5$ 储层和长 6 储层的主力含油层长 $4+5_2^2$ 小层和长 6_1^2 小层进行研究。

由图 2-10 和图 2-11 可以看出，长 $4+5_2^2$ 小层南西和北东方向砂体发育较好，砂体展布为近南北向，连片性较好，局部存在差异，主要发育水下分流河道微相。平面上，主流河道从北东方向流入，平均砂体厚度约为 9.9m，平均砂地比为 0.37，沿着河道方向砂体连续性好（图 2-10、图 2-11、表 2-2）。

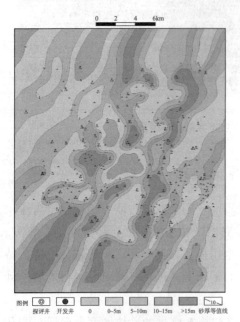

图 2-10 研究区长 $4+5_2^2$ 小层砂体厚度平面展布

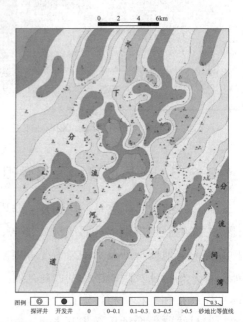

图 2-11 研究区长 $4+5_2^2$ 小层沉积微相平面展布

表2-2　姬塬油田T井区各小层砂体厚度统计

物性参数		层名							
		长4+5₁¹	长4+5₁²	长4+5₂¹	长4+5₂²	长6₁¹	长6₁²	长6₂	长6₃
砂体厚度/m	最大值	26.8	21.4	29.3	24.3	30	27.1	26.1	34.6
	平均值	6.3	5.3	7.9	9.9	9.2	8.7	5.8	5.3
	最小值	1.1	0.9	1.0	1.1	1.1	1.1	0.75	1.3
砂地比	最大值	0.9	0.91	6.24	0.86	6.37	0.98	9.69	7.93
	平均值	0.25	0.21	0.33	0.37	0.30	0.42	0.23	0.26
	最小值	0.036	0.045	0.04	0.04	0.06	0.05	0.03	0.04

　　长6₁²小层为长6储层的主力产油层，储层砂体厚度较其他小层大，平均砂体厚度约为8.7m，平均砂地比为0.42。河道发育较宽，主要发育水下分流河道微相。其东北方向砂体连续性好，天然堤和决口扇等微相基本不发育(图2-12、图2-13、表2-2)。

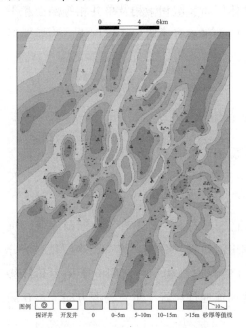

图2-12　研究区长6₁²小层砂体
厚度平面展布

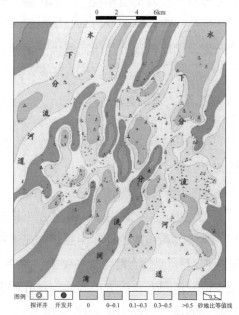

图2-13　研究区长6₁²小层沉积
微相平面展布

　　研究区长6储层砂体厚度整体上比长4+5储层砂体厚度大，长6储层在沉积时期叠置砂体较发育，砂体的连通性好；长4+5储层各小层砂体呈网状分布，连续性一般,砂体以北东向延伸为主,东部砂体发育情况好于西部。其中,长 $4+5_2^2$ 小层和长 6_1^2 小层的砂体发育最好,各小层砂体呈带状—网状分布,砂体在北东—南西方向连通性较好,东北部砂体发育情况好于西南部砂体。

储层地质综合特征可从宏观上反映储层特征。垂向上,储层特征受到沉积构造和粒度韵律等因素的影响,而粒度韵律又体现在渗透率的韵律上。在注水开发时,水容易沿着砂体连通性好、粒度大、渗透率高的方向突进,如长 $4+5_2^2$ 小层和长 6_1^2 小层;其他砂体不连通、粒度小、渗透率低的层位,如长 $4+5_1^1$ 小层和长 6_1^1 小层,注水效果较差,水驱油效率比较低,剩余油富集程度高。平面上,砂体厚度越大、连片性越好的区域,砂体的连通性越好,在注水开发过程中,水更容易向高渗带的方向突进,水驱油效果更好,储层开发效益越高。砂体不连通的地方,如分流间湾处,容易发生平面舌进,导致剩余油富集。粒度韵律、渗透率韵律、砂体的连通程度及砂体的平面展布特征等可从宏观的角度反映研究区剩余油的富集规律。对研究区储层的宏观特征进行研究,包括小层的精细划分与对比和对地层厚度、沉积构造、砂体展布、沉积微相及单井相等剖面和平面特征的研究,可掌握影响储层层间、层内、平面等矛盾的主控因素,为后期注水开发及储层微观特征研究提供一定的参考。

2.4 本章小结

(1)依据小层划分与对比原则,将姬塬油田 T 井区长 $4+5$ 油层组和长 6 油层组细分为 8 个小层,分别为长 $4+5_1^1$ 小层、长 $4+5_1^2$ 小层、长 $4+5_2^1$ 小层、长 $4+5_2^2$ 小层、长 6_1^1 小层、长 6_1^2 小层、长 6_2 小层和长 6_3 小层。

(2)姬塬油田 T 井区沉积物主要来自北东方向,主要发育三角洲前缘亚相沉积,利用沉积构造特征和测井相特征识别出河口坝、分流间湾、天然堤和水下分流河道四种沉积微相。在平面上,水下分流河道微相和分流间湾微相为其优势相。研究区顺着物源方向砂体的发育程度和连通性均好于垂直物源方向,长 6 储层砂体的连续性好于长 $4+5$ 储层。

(3)纵向上,长 $4+5$ 储层和长 6 储层地层厚度相对稳定,长 $4+5$ 储层主力含油层位为长 $4+5_2^2$ 小层,平均地层厚度为29.5m;长 6 储层主力含油层位为长 6_1^2 小层,平均地层厚度为28.8m。平面上,长 $4+5_2^2$ 小层砂体很发育,平均砂体厚度为9.9m;长 $4+5_2^1$ 小层砂体发育次之,平均砂体厚度为7.9m,长 $4+5_1^1$

小层和长 $4+5_1^2$ 小层砂体几乎不发育,以分流间湾为主要沉积微相;长 6_1^1 小层平均砂体厚度为 9.2m,砂体发育较好,长 6_3 小层砂体发育最差。

(4)储层地质综合特征可从宏观的角度反映储层特征。垂向上,储层特征受到沉积构造和粒度韵律等因素的影响,而粒度韵律又体现在渗透率的韵律上。在注水开发时,水容易沿着砂体连通性好、粒度大、渗透率高的方向突进;其他砂体不连通、粒度小、渗透率低的层位注水效果较差,水驱油效率比较低,剩余油富集程度高。平面上,砂体厚度越大、连片性越好的区域,砂体的连通性越好,在注水开发过程中,水越容易向高渗带的方向突进,水驱效果更好,储层开发效益更高。砂体不连通的地方,容易发生平面舌进,导致剩余油富集。

第3章　岩石学及物性特征

储集空间内岩石颗粒与颗粒之间的排列关系、分选性、磨圆度等决定了储层微观孔隙和喉道的分布特征，对后期流体的渗流有一定的影响。不同类型的储层岩石学特征差异较大，同一储层在不同时期岩石颗粒之间的排列关系和成岩作用不一样，岩石学特征的差异决定了储层物性的好坏。本章在沉积相研究的基础上，进一步对储层岩石学及物性等进行研究，为后续孔喉结构和油水运动规律研究提供一定的理论支撑。

3.1　岩石空间分布特征

通过观察姬塬油田 T 井区长 4 +5 储层和长 6 储层的岩心特征，以室内铸体薄片、扫描电镜薄片鉴定实验为基础，结合碎屑岩油气储层精细描述方法，对研究区储层岩石成分及分布特征进行分析。

3.1.1　岩石类型

岩石是由不同类型矿物组成的地质体，具有稳定的固态特征。通过对研究区 33 口取心井进行岩心观察，以及对 102 张铸体薄片进行鉴定分析，将岩石的成分按照石英、长石、岩屑三端元组分进行岩石类型划分，绘制成岩石主要成分分布三角图(图 3 - 1)。从不同砂岩含量的分布特征中可以看出，研究区长 4 +5 储层主要为灰色、浅灰色的极细和细粒长石砂岩，粒径一般为 0.1 ~ 0.25mm，最大粒径分布在 0.3 ~ 0.35mm，同时含有极少量岩屑长石砂岩，长 4 +5 储层石英含量比长 6 储层高；长 6 储层长石含量比长 4 +5 储层高，主要分布有灰色、浅灰色的极细和细粒长石砂岩，分选性好，成分的成熟度中等。

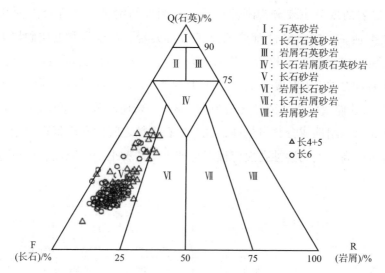

图 3 −1 姬塬油田 T 井区长 4 +5 储层和长 6 储层岩石主要成分分布三角图

3.1.2 碎屑成分及分布特征

碎屑成分包括岩石碎屑和矿物碎屑，通过对研究区 102 张铸体薄片进行统计分析，T 井区长 4 +5 储层和长 6 储层碎屑岩含量分别为 84.24% 和 82.28%，碎屑成分中长石和石英的含量最高，岩屑类含量较低。其中，长 4 +5 储层的石英、长石及岩屑含量分别为 27.21%、44.57% 和 12.46%，长 6 储层的石英、长石及岩屑含量分别为 24.4%、46.8% 和 11.08%（图 3 −2）。碎屑成分含量相对较高，填隙物含量相对较低，更有利于形成优质储层。

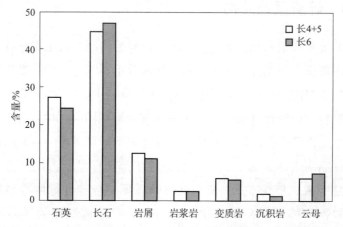

图 3 −2 姬塬油田 T 井区长 4 +5 储层和长 6 储层碎屑成分含量直方图

T 井区岩屑成分主要分为刚性难溶蚀、刚性易溶蚀、塑性难溶蚀和塑性易溶蚀四个类别。其中，刚性难溶蚀类包括石英岩、高变岩和变质砂岩等，刚性易溶蚀类包括白云岩、千枚岩、片岩和灰岩等，塑性难溶蚀类包括板岩和泥岩等，塑性易溶蚀类以喷发岩为主。T 井区长 4 + 5 储层的岩屑成分含量为 12.46%，长 6 储层的岩屑成分含量为 11.08%。岩屑成分中刚性成分含量总体上高于塑性成分，刚性成分含量越高，说明岩石颗粒之间的孔隙保存得越好，难溶蚀成分含量越高，说明溶蚀孔发育程度越低。整体看来，研究区岩屑成分差别较小 (图 3 - 3)。

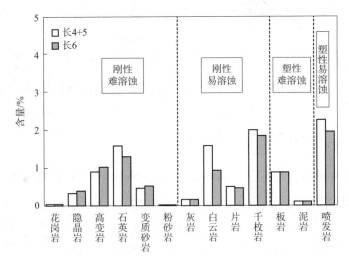

图 3 - 3　姬塬油田 T 井区长 4 + 5 储层和长 6 储层岩屑成分含量直方图

3.1.3　碎屑颗粒结构

在不同的沉积背景和沉积构造下，碎屑颗粒的内部结构也不一样，主要体现在颗粒的几何形态、分选性、排列关系和接触关系不同等方面。颗粒的分选性是判断储层结构成熟度的重要标志，通过对 33 口取心井进行岩心观察，以及对 45 块粒度图像资料进行统计分析，可将 T 井区碎屑颗粒的分选性分为好、中、差三个等级。T 井区储层碎屑颗粒的分选性整体上较好，其中长 4 + 5 储层碎屑颗粒分选性好的样品所占比例为 61.1%，分选性中等的样品所占比例为 33.9%，分选性差的样品所占比例为 5%；长 6 储层碎屑颗粒分选性好的样品所占比例为 70.7%，分选性中等的样品所占比例为 26.4%，分选性差的样品所占比例为 2.9% (图 3 - 4)。

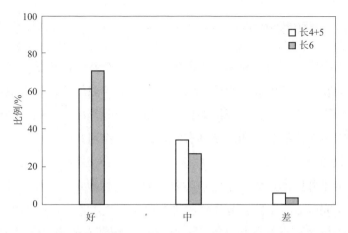

图3-4 姬塬油田T井区长4+5储层和长6储层碎屑颗粒分选性分布直方图

岩石颗粒在搬运过程中经滚动、撞击和水的冲刷等使颗粒的棱角被磨圆的程度称为颗粒的磨圆度。研究区碎屑颗粒磨圆度分为4种类型，分别为次棱—次圆状、次圆—次棱状、次棱状及棱—次棱状。统计分析表明，研究区的碎屑颗粒磨圆度主要为次棱状，其他磨圆度类型极少。其中，长4+5储层和长6储层次棱—次圆状颗粒所占比例分别为3.14%和0.97%，次圆—次棱状颗粒所占比例分别为2.73%和1.49%，次棱状颗粒所占比例分别为89.75%和95.55%，棱—次棱状颗粒所占比例分别为4.51%和1.99%，其中次棱状颗粒所占比例最高（图3-5）。

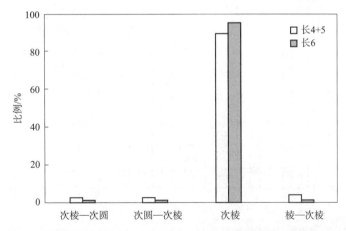

图3-5 姬塬油田T井区长4+5储层和长6储层碎屑颗粒磨圆度分布直方图

3.1.4 填隙物类型

碎屑砂岩中以泥岩为主充填在碎屑颗粒之间的杂基和以化学沉淀方式赋存于颗粒孔隙中的胶结物都可被称为填隙物，但是不同填隙物的性质、成因及对岩石起的作用不一样。填隙物具有固结颗粒和充填孔隙等作用，不同类型的填隙物对微观孔喉空间中流体的储存和渗流具有一定的指导作用。

1. 填隙物分布

姬塬油田 T 井区碎屑砂岩中的填隙物主要由碳酸盐岩、绿泥石及水云母等组成，通过对研究区 102 张砂岩薄片资料进行分析，T 井区长 4 +5 储层和长 6 储层中填隙物的体积含量分别为 12.62% 和 13.33%；绿泥石的绝对含量分别为 2.9% 和 3.76%；高岭石的绝对含量分别为 1.7% 和 1.54%；水云母的绝对含量分别为 2.22% 和 1.86%；网状黏土的绝对含量分别为 0.71% 和 1.13%；碳酸盐岩含量较高，其绝对含量分别为 3.25% 和 4.07%；硅质的绝对含量分别为 1.21% 和 0.81%；长石质的绝对含量分别为 0.19% 和 0.11%；黄铁矿的绝对含量分别为 0.4% 和 0.05%；钛质的绝对含量分别为 0.04% 和 0。其中，绿泥石和碳酸盐岩含量较高，长石质和钛质含量较低。说明岩石颗粒的孔喉空间被充填，胶结作用较严重，使得孔喉空间变小，孔喉发育变差，对流体的赋存和渗流起到一定的阻碍作用(图 3 -6)。

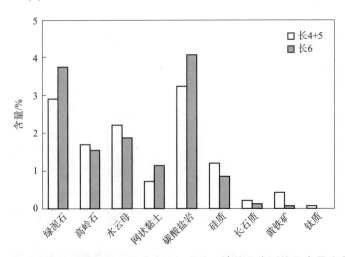

图 3 -6　姬塬油田 T 井区长 4 +5 储层和长 6 储层填隙物类型体积含量分布直方图

2. 胶结类型

碎屑岩中的胶结物是成岩后生期的沉淀产物，多数以一种化学沉淀的方式赋存于岩石颗粒之间，胶结类型有多种组合方式。通过对砂岩薄片资料进行分析，T井区长4+5储层的胶结类型主要为薄膜—孔隙式胶结物和加大—孔隙式胶结物，其含量所占比例分别约为24%。其中，加大—孔隙式胶结物不利于原生孔隙的发育，使得原生孔隙容易向次生孔隙转化，岩石颗粒之间的孔隙以次生孔隙为主；长6储层的胶结类型主要为孔隙—薄膜式胶结，该类型的胶结物对孔隙的保存起到了积极作用。其中，长4+5储层和长6储层孔隙式胶结物所占比例分别为13.01%和18.27%；薄膜—孔隙式胶结物所占比例分别为23.58%和25.48%；加大—孔隙式胶结物所占比例分别为23.52%和17.79%；孔隙—薄膜式胶结物所占比例分别为19.92%和33.17%；孔隙—加大式胶结物所占比例分别为6.1%和0.48%；长4+5储层接触—孔隙式胶结物所占比例为1.22%，薄膜式胶结物所占比例为4.47%，薄膜—加大式胶结物所占比例为1.22%；长6储层压嵌—接触式胶结物所占比例为1.44%（图3-7）。

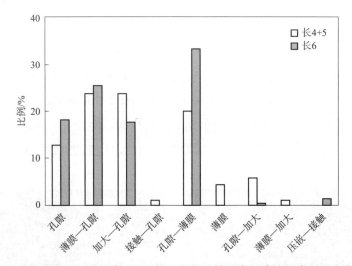

图3-7 姬塬油田T井区长4+5储层和长6储层主要胶结物类型分布直方图

3.2 不同成岩作用分析

成岩作用是指在一定压力和温度的影响下，沉积物由疏松状态变成岩石的过程。不同的岩石颗粒的排列、孔喉类型及胶结类型等都是成岩作用的产物。参考前人对成岩作用的研究，结合对姬塬油田 T 井区的岩心观察、薄片分析及扫描电镜等资料，对姬塬油田 T 井区长 4 + 5 储层和长 6 储层的成岩作用类型和成岩阶段划分进行研究，为该区下一步的勘探与开发提供地质依据。

3.2.1 压实作用

岩石颗粒间体积减小、孔隙度降低的成岩作用为压实作用。由于沉积物受到上覆地层压力的作用，使得碎屑颗粒发生挤压变形，颗粒的分选性和磨圆度随之也被改变，同时使得储层的储集和渗流能力变差。压实作用对储层起到一定的破坏作用，其不仅对原生孔隙起到破坏作用，还减少了颗粒与颗粒之间的有效孔隙体积。通过薄片观察分析，研究区长 4 + 5 储层和长 6 储层的压实作用较强，颗粒与颗粒之间发生严重挤压变形，导致颗粒重新排列，孔喉结构变得更加复杂，储层物性变差。通过砂岩薄片镜下观察发现，姬塬油田 T 井区长 4 + 5 储层和长 6 储层碎屑颗粒经历了重新压实排列，岩石组分发生了不同形态的变化。由于埋深增加，地层压力增大，使得储层砂岩普遍受到了较强的压实作用。压实作用主要表现在：①使研究区颗粒发生压实定向，碎屑颗粒长轴近于水平方向定向排列，镜下和岩心样品上多见颗粒的定向排列等，如图 3 – 8 (a) 所示。②随埋藏深度增加，颗粒接触关系渐趋紧密，使得储层致密化，如图 3 – 8(b) 所示。③使软颗粒发生压实变形，刚性碎屑颗粒呈镶嵌状接触，如图 3 – 8(c) 所示。颗粒与颗粒之间出现由点到线的接触形式，本区岩石内碎屑颗粒呈点—线接触。④岩石颗粒中石英等刚性颗粒发生破裂出现裂缝，如图 3 – 8 (d) 所示。

 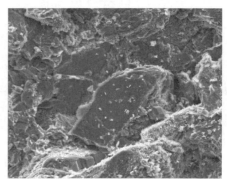

(a)颗粒定向性排列，Y246井，2101.96m   (b)致密结构，Y186井，2026.23m

图 3 – 8 姬塬油田 T 井区长 4 +5 储层和长 6 储层镜下压实作用特征

(c)颗粒镶嵌状接触，X133井，2110.40m　　(d)颗粒裂缝，Y70井，2269.05m

图3-8　姬塬油田T井区长4+5储层和长6储层镜下压实作用特征(续)

3.2.2　胶结作用

胶结作用表现为沉积物固结成岩，不同成岩作用类型中的胶结作用，一方面提高了岩石的抗压实能力，另一方面堵塞了孔隙，使储层物性变差、储层非均质性增强。岩石矿物质在沉积物中沉淀，堵塞了储层的孔隙空间，使得储层孔隙度降低且流体渗流能力变差。通过对研究区取心井的铸体薄片分析和扫描电镜镜下观察，姬塬油田T井区长4+5储层和长6储层中胶结作用较为严重，沉积物在成岩过程中的变化非常复杂。

1. 碳酸盐岩胶结

由石灰岩沉积物沉淀的碳酸盐矿物为碳酸盐岩胶结物，对储层具有较强的破坏作用，碳酸盐岩胶结使储层变得更加致密，流体在岩石空间中的渗流受阻，储层的渗流能力变差。其中，方解石是碳酸盐岩胶结物最普遍的矿物，还包括白云石、铁白云石和菱铁矿等。本书中，以铁方解石为主，如图3-9(a)所示的充填孔隙的铁方解石及高岭石；含少量方解石和铁白云石，如图3-9(b)所示的孔隙中少量自生方解石充填；含少量方解石、白云石、菱铁矿，如图3-9(c)所示的钙质砂岩及白云岩岩屑；含少量粒间伊利石等填隙物，如图3-9(d)所示。铁方解石多以连晶式充填于孔隙中，早期以支撑孔隙为主，成岩晚期使储层岩石变得致密，流体不容易通过岩石空间进行渗流，主要对储层孔隙起破坏作用，但是破坏作用有限。

(a)铁方解石及高岭石，Y193井，2235.24m

(b)自生方解石充填，X114井，2227.60m

(c)钙质砂岩及白云岩岩屑，X107井，2169.00m

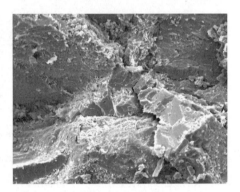

(d)粒间伊利石等填隙物，X172井，1995.80m

图3-9　姬塬油田T井区长4+5储层和长6储层镜下碳酸盐岩胶结作用特征

2. 硅质胶结

碎屑岩中以硅质为主要胶结物在砂岩中赋存的现象为硅质胶结，硅质的主要成分为石英，碎屑砂岩中石英矿物的胶结较为普遍。硅质胶结作用主要表现为硅质加大[图3-10(a)]，石英加大，颗粒间和颗粒表面的高岭石、伊利石、绿泥石等黏土矿物及残余粒间孔隙[图3-10(b)]，同时还表现为硅质加大使颗粒呈镶嵌状接触[图3-10(c)]。研究区石英次生加大现象较普遍，常见Ⅱ期、Ⅲ期石英加大，如图3-10(d)所示的石英加大Ⅱ~Ⅲ级及残余粒间孔隙，此类胶结对研究区储层物性影响较大，造成孔隙大幅减少，同时堵塞喉道，使储层变得致密，严重影响流体的渗流能力。

(a)硅质加大，X46井，2106.30m

(b)石英加大，X269井，2101.36m

(c)硅质加大，X3井，2049.80m

(d)石英加大Ⅱ~Ⅲ级，Y194井，2101.96m

图3－10 姬塬油田T井区长4+5储层和长6储层镜下硅质胶结作用特征

3. 黏土矿物胶结

黏土矿物可以反映碎屑岩储层的沉积背景、沉积环境及油气成藏条件等，镜下薄片资料鉴定和参数分析表明，研究区的黏土矿物胶结类型丰富多样，笔者主要对绿泥石、伊利石和高岭石胶结进行分析。

1）绿泥石胶结作用

绿泥石的沉淀物对碎屑砂岩储层的影响属于绿泥石的胶结作用。通过镜下薄片特征观察和扫描电镜鉴定与分析，绿泥石主要呈针尖状，对储层的影响具有双重性，不仅可以充填孔隙增强储层的非均质性，还可以富集在岩石表面阻止岩石颗粒发生化学反应。在不同的岩石类型中，绿泥石的分布规律不明显，岩石孔隙中的绿泥石主要呈绿泥石膜、绿泥石黏土等状态。如粒间孔及绿泥石膜[图3－11(a)]，粒表高岭石及绿泥石黏土[图3－11(b)]，发育的绿泥石膜使粒间孔基本丧失[图3－11(c)]，粒表衬垫状绿泥石黏土[图3－11(d)]，发育绿泥石膜及粒间孔[图3－11(e)]，以及绿泥石充填残余孔喉[图3－11(f)]。

(a)粒间孔及绿泥石膜，X9井，2004.80m

(b)绿泥石黏土，X137井，2138.10m

(c)绿泥石膜使粒间孔基本丧失，X97井，1989.54m

(d)粒表衬垫状绿泥石黏土，Y186井，2026.23m

(e)绿泥石膜及粒间孔，X117井，2173.27m

(f)绿泥石充填残余孔喉，X43井，2012.45m

图3-11　姬塬油田T井区长4+5储层和长6储层镜下绿泥石胶结作用特征

2）伊利石胶结作用

扫描电镜观察及铸体薄片镜下鉴定表明，研究区伊利石多呈丝缕状和搭桥状分布在岩石孔隙中。伊利石可切割孔隙，将原本的大孔隙和喉道切割成小孔隙，减小了孔隙空间，降低了储层的储集能力和流体的渗流能力，常与蒙脱石和绿泥石等伴生，连续性较差。如出现斑状充填孔隙的伊利石吸附有机质［图3－12 (a)］，丝状伊利石黏土搭桥式生长充填［图3－12(b)］，少量碎屑溶孔中充填丝状伊利石黏土［图3－12(c)］，以及粒间丝缕状伊利石黏土填隙物及残余粒间孔隙［图3－12(d)］。

(a)伊利石吸附有机质，X69井，1989.88m

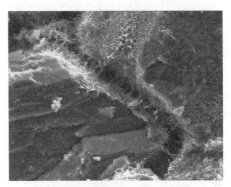

(b)丝状伊利石黏土搭桥式生长充填，
X69井，2108.17m

(c)丝状伊利石黏土，X230井，2207.45m

(d)丝缕状伊利石黏土填隙物，X71井，2189.28m

图3－12 姬塬油田T井区长4+5储层和长6储层镜下伊利石胶结作用特征

3）高岭石胶结作用

高岭石主要形成于酸性环境中，高岭石胶结作用主要体现在高岭石沉淀对碎屑砂岩储层的影响中。高岭石胶结物堵塞了孔隙，导致孔隙空间减小，孔喉结构变得更加复杂，同时降低了储层的孔隙度和渗流率，使储层的非均质性增强。通过镜下特征观察分析，高岭石在岩石孔隙空间中主要呈书页状，如粒间孔、溶孔充填孔隙的高岭石［图3－13(a)］，高岭石充填孔隙生长［图3－13(b)］，充填孔隙的高岭石［图3－13(c)、图3－13(e)］，高岭石充填孔隙交代碎屑［图3－13(d)］，以及高岭石充填残余粒间孔喉［图3－13(f)］。

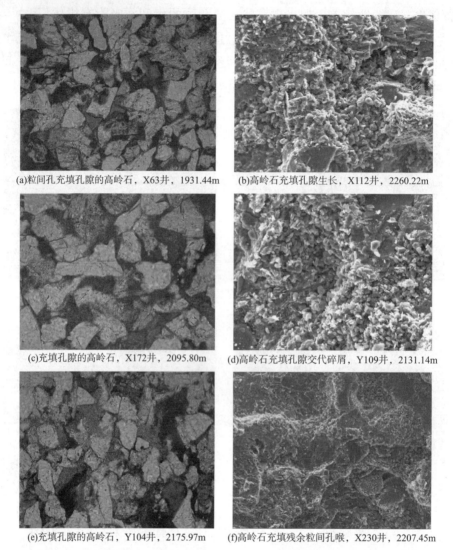

(a)粒间孔充填孔隙的高岭石, X63井, 1931.44m

(b)高岭石充填孔隙生长, X112井, 2260.22m

(c)充填孔隙的高岭石, X172井, 2095.80m

(d)高岭石充填孔隙交代碎屑, Y109井, 2131.14m

(e)充填孔隙的高岭石, Y104井, 2175.97m

(f)高岭石充填残余粒间孔喉, X230井, 2207.45m

图 3-13 姬塬油田 T 井区长 4+5 储层和长 6 储层镜下高岭石胶结作用特征

3.2.3 溶蚀作用

溶蚀作用可以形成大量的次生溶蚀孔, 改善储层的孔喉网络空间, 姬塬油田长 4+5 储层和长 6 储层溶蚀作用主要表现为长石溶解。通过镜下薄片观察, 研究区的溶蚀孔隙较为发育, 在溶蚀作用较弱时, 可见长石颗粒发生溶蚀, 同时保留了长石的外形而形成铸模孔。溶蚀作用可以改善储层品质, 研究区粒内溶孔的发育程度比粒间溶孔高, 溶蚀孔的发育增加了孔隙的体积和孔隙的数量, 对流体的渗流起到了一定的促进作用,研究区主要发育长石溶蚀孔[图3-14(a)],以及少量碎屑溶孔中充填丝状伊利石黏土[图3-14(b)]。

(a)长石溶蚀孔,X269井,2101.36m   (b)丝状伊利石黏土,X230井,2207.45m

图3-14 姬塬油田T井区长4+5储层和长6储层镜下溶蚀作用特征

3.2.4 交代作用

成岩作用过程中的交代作用主要发生在成岩期和后生期,主要反映不同成岩期次矿物的带出和带入,是一种新的矿物替代了已存在的矿物。通过铸体薄片和扫描电镜镜下观察,高岭石和伊利石之间出现相互交代现象,姬塬油田长4+5储层和长6储层中黏土矿物交代碎屑颗粒和基质较为常见,包括伊利石化的高岭石[图3-15(a)],高岭石充填孔隙交代碎屑[图3-15(b)、图3-15(d)],黏土矿物交代长石向高岭石转化,高岭石充填孔隙交代碎屑[图3-15(c)]。研究表明,成岩作用中的交代作用使得岩石颗粒间的孔隙空间变小,储层的非均质性变强,储层物性变差。

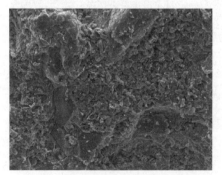

(a)伊利石化的高岭石,X123井,1974.50m   (b)高岭石充填孔隙交代碎屑,X43井,2000.85m

图3-15 姬塬油田T井区长4+5储层和长6储层镜下交代作用特征

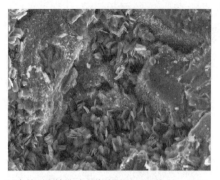

(c)高岭石充填孔隙交代碎屑，X130井，2123.10m　　(d)高岭石充填孔隙交代碎屑，X148井，2239.13m

图 3 - 15　姬塬油田 T 井区长 4 + 5 储层和长 6 储层镜下交代作用特征（续）

3.2.5　破裂作用

在储层成岩作用及不同构造运动背景下使岩石产生微裂缝的作用为破裂作用。T 井区岩心样品的扫描电镜资料显示，该研究区发育了少量的微裂缝，构造应力的作用在成岩作用中较为明显。微裂缝的产生对油气运移起到了一定的促进作用，使得油气运移通道变大，油气能够快速运移并形成新的油气藏。成岩过程中的破裂作用为油气的聚集成藏提供了一定的条件，成为油气成藏的主控因素。研究区成岩过程中的破裂作用主要体现在岩石中粒间孔缝及颗粒溶孔的形成［图 3 - 16（a）］，粒间碳酸盐、伊利石、高岭石等填隙物及粒间残余孔缝［图 3 - 16（b）］。

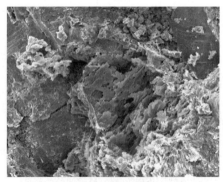

(a)粒间孔缝及颗粒溶孔，X269井，2101.36m　　　　(b)粒间残余孔缝，X210井，2062.20m

图 3 - 16　姬塬油田 T 井区长 4 + 5 储层和长 6 储层镜下破裂作用特征

3.3 成岩阶段划分

成岩作用的成岩阶段可分为同生期、早成岩期(A期、B期)、晚成岩期(A期、B期、C期)和表生期。

早成岩A期压实作用占主导地位,但压实作用较弱,相对比较轻微。颗粒与颗粒之间以点接触为主,储集空间较为发育,孔隙度最高可达40%,这类储层属于有利储层。早成岩B期的早期胶结作用占主导地位,该阶段为碳酸盐岩胶结,同时也伴有黏土矿物的转化,通常情况下蒙皂石明显向伊/蒙混层转化,可观察到石英次生加大和少量次生孔隙,此时各种黏土矿物也开始转换,自生高岭石的含量增多。颗粒间的粒间孔较发育,颗粒与颗粒之间出现溶蚀,同时溶解作用也发生了,高岭石开始自生,说明黏土矿物开始转化了,颗粒与颗粒之间基本都被胶结了,剩余的孔隙很少。

到了晚成岩期又可以分为晚成岩A期、B期和C期,晚成岩A期以溶解作用为主,伴有胶结作用,原生孔隙占的比例较小,次生孔隙开始大量生成。溶解作用占主导地位,埋藏较深处有一定的压实和压溶作用,但压实和压溶作用较弱,主要为溶解作用,还有一部分胶结作用。晚成岩B期主要发生胶结作用和压实作用,岩石变得更加致密,次生孔隙量相对减少,并出现裂缝等。该阶段压实作用始终存在,一方面占主导地位,另一方面到了晚成岩B期由于上覆岩层压力非常大使得压实作用非常重要。压实作用较强烈时,颗粒与颗粒之间主要是线接触,接触较为紧密。该阶段胶结物开始生成且胶结作用强烈使得主要目的层变得致密,伴有一部分溶蚀作用,次生孔隙占主导地位。晚成岩C期岩石致密且压实作用还在起作用,裂缝发育、物性较差,黏土矿物成分单一,以伊利石和绿泥石为主。黏土矿物转化结束后成分较单一,基本看不到孔隙,矿物成分比较稳定,储层物性较差。最后是表生作用阶段,表生作用形成次生孔隙,属于不整合面下的次生孔隙,次生孔隙以溶解作用为主。

有机质成熟度的不可逆性和矿物成分可作为成岩阶段划分的主要依据之一,黏土矿物的转化是储层成岩阶段划分的又一重要依据。在成岩演化过程中,随着温度、压力的升高,黏土矿物中的蒙皂石会发生一系列物理和化学变化,以及自身转变和演化。埋藏越深,蒙皂石在伊/蒙混层中的含量越少。通过对研究区20

块岩心样品 X－衍射测定结果进行分析，自生高岭石增多，高岭石相对含量的平均值为 42.92%，伊利石相对含量的平均值为 27.18%，伊/蒙混层相对含量的平均值为 13.49%，出现部分伊/蒙混层转化为伊利石现象（表 3－1）。借鉴前人对研究区埋藏史的研究成果，储层经历的最大埋深在 2500～3000m，古地温梯度为 4℃/100m，计算得研究区的最大古地温在 100～120℃。

综上所述，从成岩阶段划分标准来看，研究区成岩阶段处于早成岩期和晚成岩期之间，部分进入晚成岩 B 期。

表 3－1　姬塬油田 T 井区长 4＋5 储层和长 6 储层 X－衍射测定结果表

井号	井深/m	层位	黏土矿物绝对含量/%	黏土矿物相对含量/%			
				伊利石	绿泥石	高岭石	伊/蒙混层
Y246	2101.96	长 4＋5	4.52	15.31	11.87	62.33	10.49
Y104	2175.97	长 6	5.54	13.95	8.92	65.89	11.24
Y268	2249.40	长 6	6.07	14.91	15.43	54.78	14.88
X57	2042.10	长 6	6.83	11.03	14.27	61.54	13.16
Y193	2235.24	长 6	9.94	6.82	20.10	57.25	15.83
X67	2137.23	长 4＋5	10.36	8.14	18.81	60.37	12.68
Y109	2131.14	长 6	3.19	6.22	5.55	79.26	8.97
Y194	2101.96	长 6	1.53	12.70	45.87	26.19	15.24
X70	2269.05	长 6	5.09	53.60	24.09	5.44	16.87
X9	2004.80	长 4＋5	0.81	12.24	78.81	13.29	8.95
Y109	2338.34	长 6	4.89	76.00	12.57	10.33	11.43
X69	1989.88	长 4＋5	4.22	89.45	10.26	51.06	10.55
X43	2012.45	长 6	2.85	15.08	70.29	33.21	14.63
X112	2260.22	长 6	0.37	27.38	54.23	69.19	18.39
X71	2189.28	长 4＋5	5.67	64.52	12.38	8.41	14.69
X114	2227.60	长 6	6.28	10.78	29.75	49.37	10.10
X46	2106.30	长 4＋5	3.49	14.11	8.64	61.91	15.34
Y186	2026.23	长 4＋5	10.60	7.39	75.53	54.33	17.08
X113	2267.65	长 6	4.32	9.22	53.02	24.18	13.58
X69	2108.17	长 6	4.05	74.64	9.89	10.04	15.47

3.4 储层物性特征

储层物性包括孔隙性和渗透性，是描述储层物理性质的主要参数。本书依据石油行业对碎屑岩含油储层孔隙度和渗透率的评价标准，将碎屑砂岩储层划分为多种类型，分别为特高孔特高渗储层、高孔高渗储层、中孔中渗储层、低孔低渗储层、特低孔特低渗储层等，依据此孔隙度和渗透率评价标准对研究区目的层的物性进行分析。结果表明，研究区长 4 + 5 储层和长 6 储层属于典型的低孔特低渗透砂岩储层。

3.4.1 储层物性分布特征

对姬塬油田 T 井区测井物性解释成果进行分析，长 6 储层的物性比长 4 + 5 储层的物性略好，长 4 + 5 储层和长 6 储层的孔隙度区间分别为 0.51% ~ 18.54% 和 1.21% ~ 21.14%，孔隙度平均值分别为 10.12% 和 10.49%。长 4 + 5 储层和长 6 储层渗透率平均值分别为 $0.77 \times 10^{-3} \mu m^2$ 和 $0.73 \times 10^{-3} \mu m^2$。图 3 - 17(a) 和图 3 - 18(a) 孔隙度区间分布柱状图显示，长 4 + 5 储层和长 6 储层孔隙度分布近似为正态分布，长 4 + 5 储层和长 6 储层的孔隙度主峰值分布在 10% ~ 12.5%，峰值频率分别为 33.41% 和 29.64%。图 3 - 17(b) 和图 3 - 18(b) 渗透率区间分布柱状图显示，长 4 + 5 储层和长 6 储层渗透率主要分布在特低渗透区间。整体来看，研究区长 4 + 5 储层和长 6 储层均为低孔特低渗砂岩储层（表 3 - 2）。

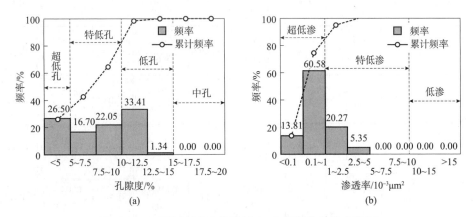

图 3 - 17 姬塬油田 T 井区长 4 + 5 储层物性分布特征

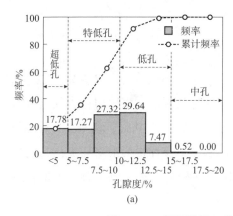
(a)

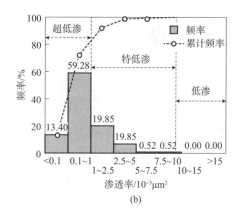
(b)

图 3 - 18 姬塬油田 T 井区长 6 储层物性分布特征

表 3 - 2 姬塬油田 T 井区长 4 + 5 和长 6 储层物性统计表

层位		砂体厚度/m		孔隙度/%		渗透率/$10^{-3}\mu m^2$		砂地比	
		分布范围	平均值	分布范围	平均值	分布范围	平均值	分布范围	平均值
长 4 + 5	长 4 + 5$_1^1$	1.1 ~ 26.8	6.3	0.76 ~ 14.35	4.68	0.01 ~ 4.19	0.45	0.036 ~ 0.90	0.25
	长 4 + 5$_1^2$	0.9 ~ 21.4	5.3	0.98 ~ 13.02	7.55	0.01 ~ 3.27	0.62	0.045 ~ 0.91	0.21
	长 4 + 5$_2^1$	1.0 ~ 29.3	7.9	0.51 ~ 13.25	7.98	0.01 ~ 4.30	0.69	0.04 ~ 6.24	0.33
	长 4 + 5$_2^2$	1.1 ~ 24.3	9.9	0.60 ~ 12.33	7.90	0.01 ~ 4.96	0.98	0.04 ~ 0.86	0.37
长 6	长 6$_1^1$	1.1 ~ 30.0	9.2	0.23 ~ 14.40	6.09	0.01 ~ 5.64	0.90	0.06 ~ 6.37	0.42
	长 6$_1^2$	1.1 ~ 27.1	8.7	0.79 ~ 16.92	8.79	0.03 ~ 7.60	1.04	0.05 ~ 0.98	0.30
	长 6$_2$	0.75 ~ 26.1	5.8	1.3 ~ 11.2	7.76	0.01 ~ 7.58	0.86	0.03 ~ 9.69	0.23
	长 6$_3$	1.3 ~ 34.6	5.3	1.14 ~ 12.26	7.71	0.01 ~ 2.05	0.39	0.04 ~ 7.93	0.26

3.4.2 储层物性平面特征

储层物性平面特征主要体现在砂体内孔隙度和渗透率的平面变化，同时体现在砂体在平面上的展布。通过绘制姬塬油田 T 井区长 4 + 5 储层和长 6 储层各小层孔隙度和渗透率的等值线平面展布图可以看出：平面上，孔隙度、渗透率的分布与砂体的展布密切相关，砂体厚度越大，泥质含量越少，水动力越强，储层物性越好，孔隙度和渗透率等值线的高程值较大；砂体不发育的地方，如分流间湾处，水动力能力弱，储层物性相对较差，孔隙度、渗透率等值线的高程值较小。物性分布受构造和岩性影响，构造高点及微相中水下分流河道的主体带上孔隙度和渗透率较大。

选取长 4 + 5 储层和长 6 储层的主力含油层长 $4+5_2^2$ 和长 6_1^2 进行分析，长 $4+5_2^2$ 小层中孔隙度和渗透率的分布较长 6_1^2 小层小，长 6_1^2 小层的储层物性比长 $4+5_2^2$ 小层好。长 $4+5_2^2$ 小层西部孔隙度较大，中部孔隙度较小，南部渗透率好于西北部（图 3 - 19、图 3 - 20）；长 6_1^2 小层中部砂体发育较好，整体物性较好（图 3 - 21、图 3 - 22）。

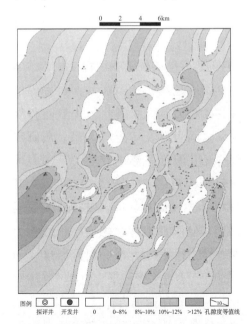

图 3 - 19 姬塬油田 T 井区长 $4+5_2^2$ 小层孔隙度平面图

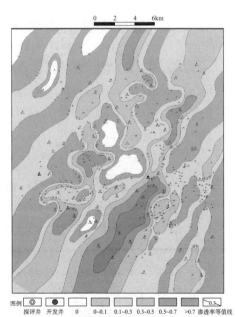

图 3 - 20 姬塬油田 T 井区长 $4+5_2^2$ 小层渗透率平面图（单位：$10^{-3}\mu m^2$）

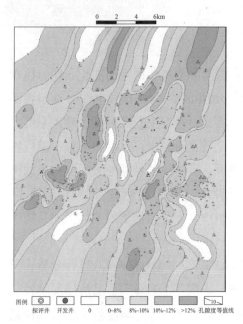

图 3-21　姬塬油田 T 井区长 6_1^2 小层
孔隙度平面图

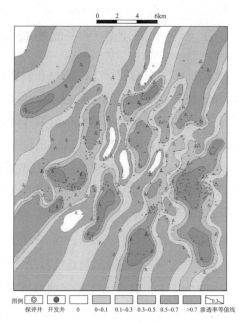

图 3-22　姬塬油田 T 井区长 6_1^2 小层
渗透率平面图(单位: $10^{-3}\mu m^2$)

3.4.3　储层物性相关性分析

　　孔隙度、渗透率和砂体厚度密切相关，且随着砂体的发育程度而变化，砂体发育程度越高，孔隙度和渗透率等值线的高程值越大。因此，孔隙度和渗透率之间也存在一定的关系。从研究区样品孔隙度与渗透率的关系图中可以看出，两者存在指数正相关关系（图 3-23、图 3-24），长 4+5 储层和长 6 储层孔隙度和渗透率指数相关性较好，相关系数 R^2 分别为 0.5494 和 0.6891，渗透率受控于孔隙度，孔隙空间越大，越有利于流体渗流。长 4+5 储层样品对应的孔隙度和渗透率的拟

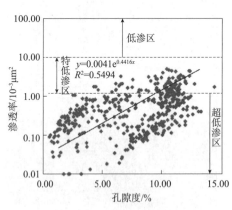

图 3-23　姬塬油田 T 井区长 4+5
储层物性相关图

合程度比长 6 储层的拟合程度低，说明储层物性受砂岩颗粒的粗细、分选性等因素的影响较大。

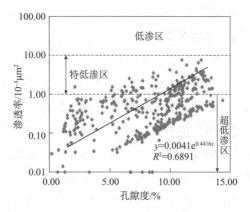

图3-24　姬塬油田T井区长6储层物性相关图

综上所述，研究区长4+5储层和长6储层物性相差不大。长4+5储层孔隙度和渗透率指数相关性稍差，长6储层孔隙度和渗透率指数相关性较长4+5储层好，表明储层渗透率受孔隙度控制作用较弱，有利于流体渗流。因此，储层物性除了受沉积环境的影响，还受各类岩石颗粒大小、分选性、成岩作用等因素的综合影响。影响长4+5储层和长6储层低孔特低渗的主要原因与储层微观孔喉三维网络空间的分布密切相关，因此对研究区开展定性和定量化的低渗储层微观孔喉结构的评价尤为重要。

3.5　本章小结

（1）长4+5储层主要为灰色、浅灰色的极细和细粒长石砂岩，粒径一般为0.1～0.25mm，最大粒径为0.3～0.35mm，同时含有极少量岩屑长石砂岩，长4+5储层石英含量较高；长6储层长石含量较高，主要分布灰色、浅灰色的极细和细粒长石砂岩，分选性好，成分成熟度中等。长4+5储层和长6储层碎屑岩含量分别为84.24%和82.28%。主要为细砂和极细砂，其中含少量中砂。储层的颗粒分选性较好，其中长4+5储层颗粒分选性好的样品所占比例为61.1%；长6储层颗粒分选性好的样品所占比例为70.7%。

（2）压实作用对储层起到一定的破坏作用，其不仅将原生孔隙破坏，而且减少了颗粒与颗粒之间的孔隙体积。胶结作用一方面提高了岩石的抗压实能力，另一方面堵塞了孔隙使得储层物性变差、储层非均质性增强。岩石矿物质在沉积物中沉淀，堵塞了储层的孔隙空间，使得储层的储集能力降低且流体渗流能力变差。长 4 + 5 储层和长 6 储层中胶结作用较为明显，沉积物在成岩过程中的变化非常复杂，胶结物的类型丰富多样。

（3）成岩阶段可划分为同生期、早成岩期（A 期、B 期）、晚成岩期（A 期、B 期、C 期）和表生期。有机质成熟度的不可逆性和矿物成分可作为成岩阶段划分的主要依据之一，黏土矿物的转化是储层成岩阶段划分的又一重要依据。在成岩演化过程中，随着温度、压力的升高，黏土矿物中的蒙皂石会发生一系列物理和化学变化，以及自身转变和演化。从成岩阶段划分标准来看，研究区成岩阶段处于早成岩期和晚成岩期之间，部分进入晚成岩 B 期。

（4）平面上，孔隙度、渗透率分布与砂体展布密切相关。砂体厚度越大，泥质含量越少，水动力越强，储层物性越好，孔隙度和渗透率等值线的高程值较大；砂体不发育的地方，如分流间湾处，水动力弱的储层，物性相对较差，孔隙度、渗透率等值线的高程值较小。物性分布受构造和岩性影响，构造高点及水下分流河道的主体带上孔隙度和渗透率较大。长 6 储层的物性比长 4 + 5 储层的物性好，长 4 + 5 储层西部孔隙度较大，中部孔隙度较小，南部渗透率好于西北部渗透率；长 6 储层中部砂体发育较好，整体物性较好。长 4 + 5 储层和长 6 储层孔隙度和渗透率指数相关性较好，相关系数 R^2 分别为 0.5494 和 0.6891，渗透率受控于孔隙度，孔隙空间越大，越有利于流体渗流。长 4 + 5 储层样品对应的孔隙度和渗透率的拟合程度比长 6 储层的拟合程度低，说明储层物性受砂岩颗粒的粗细、分选性等因素的影响较大。

第4章　储层微观孔喉结构表征

　　姬塬油田 T 井区长 4 + 5 储层和长 6 储层位于鄂尔多斯盆地中生界三叠系上统的延长组，是我国典型的低渗碎屑砂岩储层。受沉积、构造和成岩作用等多种因素的影响，储层的非均质性强且微观孔喉网络分布错综复杂。本章在对多组岩心样品进行镜下薄片观察，以及在图像孔隙和压汞实验的基础上，定性和定量地对储层的微观孔喉结构进行表征，分析储层微观孔喉结构的差异性成因，为储层渗流机理研究提供依据。

4.1　孔隙及喉道特征

4.1.1　孔隙类型

　　储层岩石颗粒之间的孔隙按照成因可分为原生孔隙和次生孔隙。原生孔隙是储层岩石固结成岩时和岩石同时生成的孔隙，可分为粒间孔隙、粒内孔隙和填隙物孔隙三种；次生孔隙是储层岩石形成之后岩石颗粒经过溶解和破裂等形成的孔隙，包括颗粒及粒内溶孔、铸模孔、超大孔及晶间孔等。通过对研究区岩心样品进行薄片分析，岩石颗粒间的孔隙主要为原生孔隙和次生孔隙两者的混合，次生孔隙发育较为常见。

　　通过大量铸体薄片与扫描电镜观察，姬塬油田长 4 + 5 储层和长 6 储层岩心样品的孔隙以残余粒间孔为主，长石溶孔次之，还发育少量的岩屑溶孔、晶间微孔及微裂缝等。长 4 + 5 储层粒间孔、长石溶孔、岩屑溶孔、晶间孔和微裂缝含量分别为 2.13%、0.73%、0.13%、0.06% 和 0.02%；长 6 储层粒间孔、长石溶孔、岩屑溶孔、晶间孔和微裂缝含量分别为 2.2%、0.47%、0.11%、0.11% 和

0.02%。由于受到不同沉积环境和沉积构造的影响，加之成岩作用的强弱不同，不同孔隙类型的含量有所差异(图4-1)。

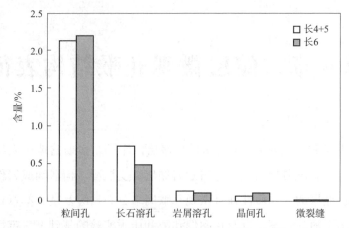

图4-1　姬塬油田T井区长4+5储层和长6储层孔隙类型分布直方图

1. 残余粒间孔

在储层固结成岩过程中，沉积物中的原生粒间孔经过压实作用被填隙物所充填后的空间为残余粒间孔。该类孔隙的几何形态表现为不规则，呈现三角形、四边形等多种不规则类型。按照颗粒之间的压实程度和胶结物的充填程度，可将残余粒间孔分为溶蚀型粒间孔、未被溶蚀的粒间孔及填隙物充填的粒间孔。姬塬油田长4+5储层和长6储层的粒间孔含量分别为2.13%和2.2%，如图4-2所示。长4+5储层和长6储层中粒间孔发育最为普遍，该孔隙是油气储集的重要空间，对储层孔隙度的贡献较大。

(a)残余粒间孔，X115井，2027.20m　　　(b)残余粒间孔，X269井，2106.46m

图4-2　姬塬油田T井区长4+5储层和长6储层镜下残余粒间孔特征

(c)残余粒间孔，X66井，2094.60m　　　　　　(d)残余粒间孔，X170井，2016.39m

图4-2　姬塬油田T井区长4+5储层和长6储层镜下残余粒间孔特征(续)

2. 溶蚀孔

通过铸体薄片和扫描电镜观察，研究区储层岩石颗粒与颗粒之间主要分布有长石溶孔、岩屑溶孔、晶间孔和微裂缝等类型的溶蚀孔。其中，长石溶孔为最主要的溶蚀孔，又包括颗粒及粒内溶孔、铸模孔、超大孔及粒间溶孔；岩屑溶孔含量较较长石溶孔含量少；晶间孔为晶体与晶体之间的孔隙；微裂缝是岩石颗粒破裂后形成的缝隙。

1) 长石溶孔

长石溶孔发育有颗粒及粒内溶孔、铸模孔及不规则的粒间和粒缘溶孔等，为研究区最常见的溶蚀孔隙，呈现出多样的孔隙形态。长石的粒间溶孔和铸模孔相连可形成超大孔隙，孔隙半径较大，最高能达到200μm左右(图4-3)。姬塬油田长4+5储层和长6储层的长石溶孔含量分别为0.73%和0.47%。

2) 岩屑溶孔

研究区的岩屑以变质岩屑为主，岩屑中主要含有较高的喷发岩和千枚岩等，岩屑溶孔的含量仅次于长石溶孔。岩屑又可分为难溶蚀的岩屑和易溶蚀的岩屑，其中易溶蚀的岩屑又可细分为部分易溶蚀的岩屑和全部易溶蚀的岩屑。一部分易溶蚀的岩屑溶孔肉眼可见，另一部分无法用肉眼辨别，当颗粒全部被溶蚀后，边界丝缕状的残留物可以保留颗粒的外形。岩屑溶孔的孔隙半径一般比较小，最大孔隙半径在100μm左右，对储层的渗流作用贡献较小(图4-4)。姬塬油田长4+5储层和长6储层对应的岩屑溶孔含量分别为0.13%和0.11%。

(a)局部极发育长石溶蚀，X134井，1970.10m

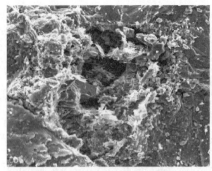
(b)长石溶蚀孔，X148井，2240.75m

(c)长石铸模孔，X192井，2069.05m

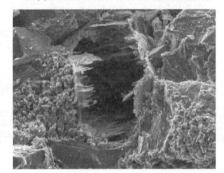
(d)长石铸模孔，X43井，2098.45m

图4-3　姬塬油田长4+5储层和长6储层镜下长石溶孔特征

(a)长石铸模孔发育，X192井，2069.05m

(b)局部发育岩屑溶孔，X203井，2141.12m

图4-4　姬塬油田长4+5储层和长6储层镜下岩屑溶孔特征

3）晶间孔

晶间孔为晶体与晶体之间的孔隙，常见的有白云石晶间孔、高岭石晶间孔等，主要以原生和次生胶结物的晶间微孔形式赋存于储集空间中，是储集空间的重要组成部分。以高岭石晶间孔为主的孔隙，孔隙含量少，半径一般小于5μm，连通性差，孔隙不发育，对储层的贡献较小（图4-5）。姬塬油田长4+5储层和长 6 储层对应晶间孔的含量分别为 0.06% 和 0.11%。

(a)高岭石晶间孔，X203井，2141.12m

(b)高岭石晶间孔，X63井，2131.44m

图 4－5　姬塬油田长 4＋5 储层和长 6 储层镜下晶间孔特征

4)微裂缝

由于沉积构造应力作用，导致岩石破裂而形成的缝隙被称为微裂缝，微裂缝可分为构造缝、纹层缝和溶蚀缝等。其中，构造缝和溶蚀缝是溶蚀孔中最常见的微裂缝，构造缝连续性较好，在延伸过程中容易产生自生的方解石胶结物；溶蚀缝是由于上覆地层压力使颗粒破碎，后期经过一定的溶蚀作用形成的微裂缝，这两种微裂缝对孔隙的连通起到了一定的积极作用(图 4－6)。研究区微裂缝发育较少，其含量为 0.02% 左右。

微裂缝，X269井，2106.46m

图 4－6　姬塬油田储层镜下微裂缝特征

4.1.2　孔隙组合类型

研究区的孔隙组合类型多种多样，孔隙组合类型的差异性导致孔隙含量的差异。镜下薄片显示，长 4＋5 储层和长 6 储层的孔隙组合类型大体一样，以溶孔—粒间孔的组合方式为主，不同组合类型孔隙的含量不同。主要可分为粒间孔—溶孔型、粒间孔型、粒间孔—微孔型、溶孔型、溶孔—粒间孔型、溶孔—微孔型、微孔型及复合型，长 4＋5 储层粒间孔—溶孔型、粒间孔型、粒间孔—微孔型、溶孔型、溶孔—粒间孔型、溶孔—微孔型、微孔型及复合型所占比例分别为 11.26%、8.11%、9.91%、2.7%、44.59%、0.45%、18.92%、4.05%，长

6 储层粒间孔—溶孔型、粒间孔型、粒间孔—微孔型、溶孔型、溶孔—粒间孔型、溶孔—微孔型、微孔型及复合型所占比例分别为 13.54%、1.56%、7.29%、0.52%、43.75%、1.04%、29.69%、2.08%。其中，溶孔—粒间孔型、粒间孔型、微孔型、粒间孔—溶孔型等组合类型最为常见，对储层的储集性能影响最大，溶孔—微孔型、复合型发育较少(图 4-7)。

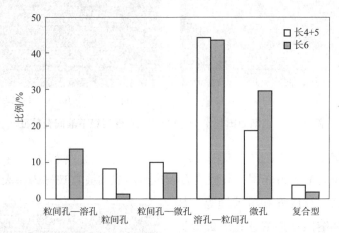

图 4-7　姬塬油田长 4+5 储层和长 6 储层孔隙组合类型频率分布直方图

如图 4-8(a) 所示，粒间孔—溶孔型主要由粒内溶孔和少量残余粒间孔组成，其次是孔喉半径较大的溶孔—粒间孔型，该类孔隙组合类型由残余粒间孔和粒间溶孔组成，如图 4-8(b) 所示。还有一部分是孔喉半径相对较小的溶孔—晶间孔—粒间孔型，主要由残余粒间孔和晶间孔组成，如图 4-8(c) 所示。溶孔—微孔型的孔隙半径较小，由高岭石、绿泥石和伊利石等晶间孔组成，部分包含长石溶孔、岩屑溶孔和粒内溶孔，如图 4-8(d) 所示。

(a)粒间孔—溶孔型，X59井，2291.67m　　(b)溶孔—粒间孔型，X48井，2123.43m

图 4-8　姬塬油田长 4+5 储层和长 6 储层镜下孔隙组合特征

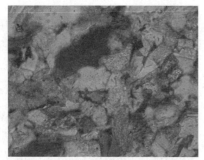

(c)溶孔—晶间孔—粒间孔型，X11井，2169.50m　　(d)溶孔—微孔型，X130井，2123.10m

图4-8　姬塬油田长4+5储层和长6储层镜下孔隙组合特征(续)

4.1.3　喉道类型

从碎屑岩成岩作用的角度出发，参考岩石颗粒的排列组合关系，可将孔喉结构分为大孔粗喉型、大孔细喉型、小孔极细喉型及微孔微喉型等。通过分析孔隙和喉道的成因差异、碎屑岩胶结物类型及产状、次生孔隙的发育特征，又将喉道划分为缩颈状喉道、点状喉道、片状喉道、弯片状喉道及管束状喉道。研究区的喉道类型主要为点状喉道、管束状喉道、片状喉道和弯片状喉道(图4-9)。

(a)点状喉道，X227井，2132.70m　　　　(b)管束状喉道，X125井，2211.10m

(c)片状喉道，X173井，2222.84m　　　　(d)片状喉道，X24井，2144.03m

图4-9　姬塬油田长4+5储层和长6储层镜下喉道特征

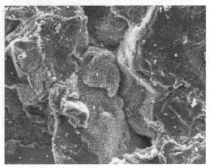

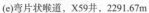

(e)弯片状喉道，X59井，2291.67m　　　　(f)弯片状喉道，X57井，2111.50m

图4-9　姬塬油田长4+5储层和长6储层镜下喉道特征(续)

4.1.4　图像孔隙特征

图像孔隙分析是一种在二维岩石薄片中对孔隙大小与形状做定量分析的方法，利用抛光的薄片，将由树脂充填的孔隙图像用计算机和显微镜系统数字化、图像化，得到定性和定量的实验结果，图像孔隙分析技术是一种表征孔隙大小的有效手段。对姬塬油田长4+5储层和长6储层的二维图像进行扫描，开展图像孔隙分析实验，获得能代表孔隙分布的特征参数(表4-1)。

表4-1　姬塬油田长4+5储层和长6储层图像孔隙特征参数统计

井名编号	层位	井深/m	孔隙总数/个	分选系数	面孔率/%	平均配位数	平均比表面/μm	均质系数	平均形状因子
1	长4+5	2137.23	371	21.18	4.75	0.59	0.70	0.42	0.78
2	长4+5	2189.28	403	17.49	2.07	0.66	0.37	0.47	0.81
3	长4+5	2004.80	507	32.50	1.95	1.14	0.35	0.44	0.76
4	长4+5	2101.96	269	18.76	5.27	1.05	0.62	0.48	0.76
5	长6	2249.40	280	18.00	3.74	0.40	0.67	0.46	0.79
6	长6	2026.23	208	16.23	1.38	0.38	0.38	0.46	0.84
7	长6	2267.65	234	10.36	2.95	0.48	0.44	0.49	0.87
8	长6	2101.96	232	1.59	0.33	0.89	102.40	0.37	0.89
9	长6	2108.17	232	1.98	0.68	1.92	41.08	0.49	0.87
10	长6	2012.45	35	2.01	0.78	1.89	104.50	0.48	0.88
11	长6	2260.22	427	25.32	1.96	0.77	0.37	0.42	0.79
12	长6	2175.97	232	1.64	0.78	0.57	38.14	0.71	0.22
13	长6	2338.34	232	1.42	0.56	0.38	12.87	0.42	0.99

对长 4 +5 储层和长 6 储层共 13 块岩心样品的抛光薄片进行图像孔隙分析，得到图像孔隙特征参数分布表，以及代表样品的孔隙直径特征分布直方图。

通过对岩心样品进行分析，研究区长 4 +5 储层和长 6 储层面孔率分布区间分别为 1.95% ~5.27% 和 0.33% ~3.74%；平均面孔率分别为 2.92% 和 1.84%。长 4 +5 储层平均比表面的分布区间为 0.35 ~0.70μm，平均形状因子分布在 0.76 ~0.81。平均配位数最大为 1.14、最小为 0.59；均质系数最大为 0.48，最小为 0.42；分选系数最大为 32.50，最小为 17.49。

长 6 储层平均比表面分布区间为 0.37 ~ 104.50μm。平均形状因子最大为 0.99，最小为 0.22；平均配位数最大为 1.92，最小为 0.38；均质系数最大为 0.71，最小为 0.37；分选系数最大为 25.32，最小为 1.42。由孔隙半径分布图可以看出，3 号和 11 号样品的大孔隙数量多，孔隙的分选性较差；5 号和 7 号样品的小孔隙数量较多，其他样品的孔隙大小分布较稳定，因此研究区孔隙大小分布出现不均一现象(图 4 -10)。

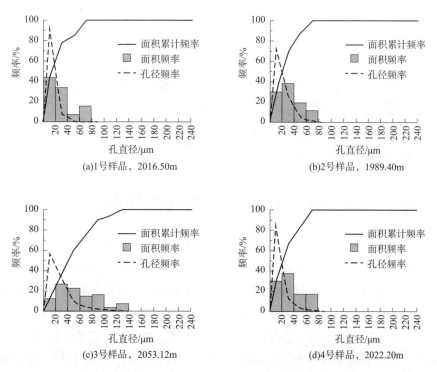

图 4 -10　姬塬油田长 4 +5 储层和长 6 储层孔隙半径分布图

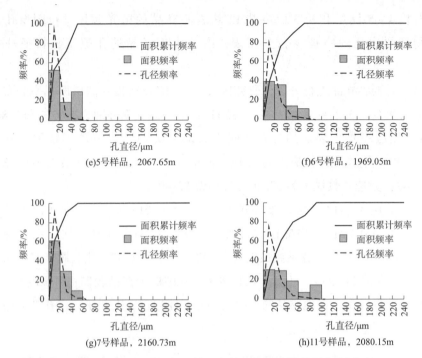

图4-10　姬塬油田长4+5储层和长6储层孔隙半径分布图(续)

研究表明，孔隙个数、面孔率、平均配位数、平均比表面越大，相对来讲，孔隙半径越大、岩石颗粒与颗粒间的孔隙空间越大、储层的储集能力越强。但是，随着大孔隙数量的增多，孔隙大小分布不均匀，孔隙的分选性较差，储层的储集能力不一定好。因此，单一的图像孔隙技术不能完全表征储层的孔喉结构特征，需要采用多种实验方法共同表征。

4.2　高压压汞实验表征孔喉网络分布

高压压汞实验是将汞不断增压注入岩样孔隙空间中，通过观察注入压力、毛管压力曲线特征，以及进汞量之间的关系，定量评价储层微观孔喉特征最常用的方法之一。通过开展高压压汞实验，可获得孔隙度、渗透率、样品体积、门槛压力、中值压力、分选系数、变异系数、均质系数、歪度系数、最大孔喉半径、中值半径、最大进汞饱和度和退汞效率等多种微观孔喉参数。其中，门槛压力、中值压力、最大孔喉半径及中值半径等可反映孔喉的大小，分选系数、变异系数、均质系数及歪度系数等可反映岩样孔喉半径的均匀程度，最大进汞饱和度可反映储层的充注上限，退汞效率可反映润湿相驱替非润湿相的采收率。

4.2.1 毛管压力曲线特征

对研究区长4+5储层和长6储层共33块岩样进行高压压汞实验，通过毛管压力的各种特征参数分析，低渗透砂岩储层的孔喉结构均具有较强的非均质性。由高压压汞实验参数可绘制出毛管压力曲线的分布图，同时还可以获得描述储层特征的相关参数，包括反映孔喉特征的孔喉半径、排驱压力和中值压力等；反映孔喉连通性的进汞饱和度和退汞效率等，根据这些参数及毛管压力曲线形态，可将研究区长4+5储层和长6储层的毛管压力曲线划分为Ⅰ类、Ⅱ类、Ⅲ类和Ⅳ类，参数特征见表4-2。总体看来，研究区Ⅱ类和Ⅲ类储层所占比例较大，Ⅰ类储层较为少见，但微观非均质程度低(图4-11、图4-12)。

表4-2 姬塬油田长4+5储层和长6储层岩心样品高压压汞实验参数

曲线类型	层位	数值	孔隙度/%	渗透率/$10^{-3}\mu m^2$	变异系数	均质系数	排驱压力/MPa	中值半径/μm	最大进汞饱和度/%	退汞效率/%	中值压力/MPa
Ⅰ类	长4+5	最大值	16.70	1.88	0.26	10.6	0.46	0.31	93.56	42.32	3.52
		最小值	10.63	0.19	0.19	10	0.28	0.21	85.86	22.18	2.36
		平均值	13.51	0.84	0.23	10.33	0.34	0.26	89.99	32.37	2.89
	长6	最大值	15.50	3.83	0.24	10.77	0.27	0.51	88.85	40.36	1.45
		最小值	13.40	0.26	0.24	10.77	0.20	0.51	83.78	22.34	1.45
		平均值	14.45	2.04	0.24	10.77	0.23	0.51	86.32	33.03	1.45
Ⅱ类	长4+5	最大值	14.70	0.60	0.26	11.58	1.51	0.29	93.94	42.45	9.88
		最小值	8.60	0.19	0.20	0.41	0.45	0.07	83.27	18.51	2.55
		平均值	11.57	0.33	0.22	9.63	0.83	0.16	88.97	29.96	5.57
	长6	最大值	16.10	2.12	0.21	11.21	1.27	0.73	98.63	38.34	1.92
		最小值	10.20	0.38	0.15	8.63	0.20	0.28	80.40	15.59	1.01
		平均值	12.51	1.06	0.18	10.33	0.51	0.57	90.85	29.31	1.30
Ⅲ类	长4+5	最大值	14.80	0.35	0.15	12.97	2.17	0.12	84.56	32.25	18.07
		最小值	7.90	0.11	0.11	12.35	1.06	0.04	61.43	24.02	6.20
		平均值	11.88	0.20	0.12	12.62	1.72	0.07	71.40	28.12	11.90
	长6	最大值	16.10	1.54	0.24	12.23	1.22	0.29	92.93	30.66	4.22
		最小值	10.50	0.26	0.13	11.5	0.40	0.17	64.61	26.48	2.53
		平均值	13.35	0.69	0.17	11.9	0.72	0.24	80.43	28.57	3.21

曲线类型	层位	数值	孔隙度/%	渗透率/$10^{-3}\mu m^2$	变异系数	均质系数	排驱压力/MPa	中值半径/μm	最大进汞饱和度/%	退汞效率/%	中值压力/MPa
IV类	长4+5	最大值	10.43	0.09	0.35	13.26	4.49	0.03	85.81	29.87	28.61
		最小值	8.99	0.06	0.18	10.01	2.92	0.01	71.90	13.73	6.85
		平均值	9.71	0.08	0.27	11.64	3.71	0.02	78.86	21.80	17.73
	长6	最大值	10.80	0.39	0.19	13.31	10.55	0.13	90.29	42.15	14.82
		最小值	5.20	0.04	0.07	11.32	1.33	0.05	65.80	13.10	5.59
		平均值	8.43	0.18	0.12	12.52	3.10	0.09	77.48	27.02	9.90

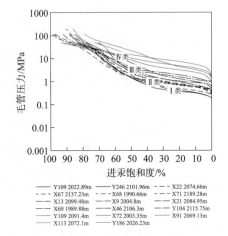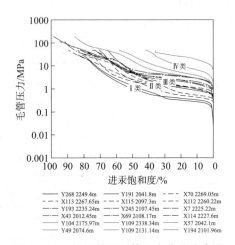

图4-11　长4+5储层毛管压力曲线分类图　　图4-12　长6储层毛管压力曲线分类图

I类毛管压力曲线偏向图的左下方,将汞注入岩石空间中相对较容易,排驱压力低,表现为低排驱压力-细喉道型特征。该类储层的物性较好,大孔喉数量多,流体的渗流能力强,孔隙类型主要为残余粒间孔。高压压汞实验表明,长4+5储层I类毛管压力曲线样品的平均孔隙度和渗透率分别为13.51%、$0.84 \times 10^{-3}\mu m^2$,长6储层I类毛管压力曲线样品的平均孔隙度和渗透率分别为14.45%、$2.04 \times 10^{-3}\mu m^2$。长4+5储层和长6储层平均排驱压力分别为0.34MPa、0.23MPa;中值压力低,平均中值压力分别为2.89MPa、1.45MPa。长4+5储层和长6储层平均变异系数分别为0.23、0.24;平均均质系数分别为10.33、10.77;平均中值半径分别为0.26μm、0.51μm;最大进汞饱和度主要分布在80%以上,平均值分别为89.9%、86.32%;退汞效率分别为32.37%、33.03%。孔喉进汞量最多,渗透率贡献最大[图4-13(a)、图4-13(b)]。

Ⅱ类毛管压力曲线表现为低排驱压力-微细喉道型特征，毛管压力曲线形态表现为偏向图左下方，排驱压力比Ⅰ类毛管压力曲线略高。该类储层的物性较好，中孔喉数量较多，孔隙类型主要为残余粒间孔及长石溶孔，含有部分微孔。高压压汞实验表明，长4+5储层Ⅱ类毛管压力曲线样品的平均孔隙度和渗透率分别为11.57%、0.33×10^{-3}μm^2，长6储层Ⅱ类毛管压力曲线样品的平均孔隙度和渗透率分别为12.51%、1.06×10^{-3}μm^2；平均排驱压力分别为0.83MPa、0.51MPa；中值压力低，平均中值压力分别为5.57MPa、1.3MPa；平均变异系数分别为0.22、0.18；平均均质系数分别为9.63、10.33；平均中值半径分别为0.16μm、0.57μm；最大进汞饱和度主要分布在85%以上，平均值分别为88.97%、90.85%，退汞效率分别为29.96%、29.31%。孔喉进汞量较多，出现双峰现象，渗透率贡献率分布区间相对Ⅰ类毛管压力曲线变窄[图4-13(c)、图4-13(d)]。

Ⅲ类毛管压力曲线表现为中高排驱压力-微喉道型特征，毛管压力曲线形态较陡峭，水平平台不明显，排驱压力变高，长4+5储层和长6储层的平均排驱压力分别为1.72MPa、0.72MPa。该类储层的物性一般，大孔喉数量变少，储层岩石较致密，储层的渗流能力变差，储层非均质性变强。长4+5储层Ⅲ类毛管压力曲线样品的平均孔隙度和渗透率分别为11.88%、0.2×10^{-3}μm^2；长6储层Ⅲ类毛管压力曲线样品的平均孔隙度和渗透率分别为13.35%、0.69×10^{-3}μm^2。长4+5储层和长6储层中值压力低，平均中值压力分别为11.9MPa、3.21MPa；平均变异系数分别为0.12、0.17；平均均质系数分别为12.62、11.9；平均中值半径分别为0.07μm、0.24μm；平均最大进汞饱和度分别为71.4%、80.43%；退汞效率分别为28.12%、28.57%。孔喉进汞量减少，累计进汞量减少，渗透率贡献值范围较窄[图4-13(e)、图4-13(f)]。

Ⅳ类毛管压力曲线表现为中排驱压力-微喉道型特征，该类储层主要分布在分流间湾和砂质泥岩中，储层岩石致密，物性最差，孔隙类型以微孔为主，储层非均质性较强，流体渗流能力差。长4+5储层Ⅳ类毛管压力曲线样品的平均孔隙度和渗透率分别为9.71%、0.08×10^{-3}μm^2，长6储层Ⅳ类毛管压力曲线样品的平均孔隙度和渗透率分别为8.43%、0.18×10^{-3}μm^2。Ⅳ类毛管压力曲线排驱压力为四类储层中最高，长4+5储层和长6储层平均排驱压力分别为3.71MPa、3.1MPa；中值压力低，平均中值压力分别为17.73MPa、9.9MPa；平均变异系数分别为0.27、0.12；平均均质系数分别为11.64、12.52；平均中值半径分别为0.02μm、0.09μm；最大进汞饱和度小于80%，平均值分别为78.86%、77.48%；退汞效率分别为21.8%、27.02%。渗透率贡献率和孔喉进汞量最少，分布范围最窄[图4-13(g)、图4-13(h)]。

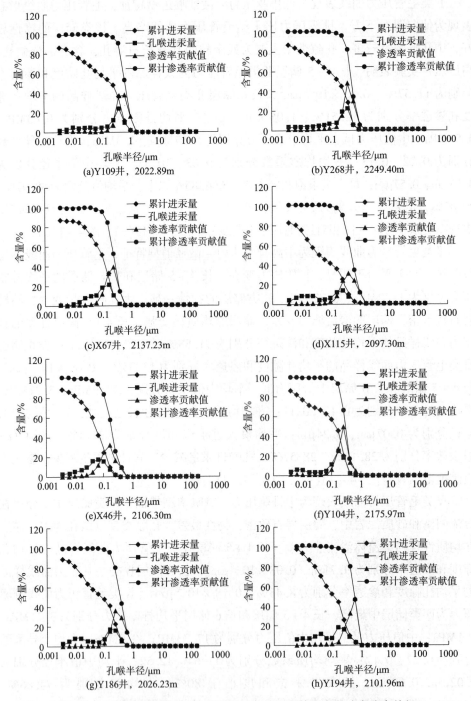

图4-13 姬塬油田长4+5储层和长6储层毛管压力及孔喉分布特征

4.2.2　不同类型储层孔喉特征参数

孔喉特征参数与扫描电镜、铸体薄片及图像孔隙等相结合，可更客观、更直接地表征孔喉结构及其均质程度。选取研究区长4+5储层和长6储层具有代表性的孔喉结构参数，包括变异系数、均质系数、排驱压力、退汞效率、中值半径和中值压力等进行对比分析。

不同类型储层的孔喉参数对比分析表明，Ⅰ类、Ⅱ类、Ⅲ类和Ⅳ类储层的变异系数变化不是很明显，变异系数与储层物性呈反比，变异系数越大，说明储层的非均质性越强，大孔喉数量逐渐减少，储层物性变差[图4-14(a)]。均质系数与物性呈正比，均质系数越大，表明储层越均匀，物性越好，其中Ⅱ类和Ⅲ类储层均质系数相差不大，整体变化不明显[图4-14(b)]。Ⅰ类、Ⅱ类、Ⅲ类和Ⅳ类储层的排驱压力逐渐增大，说明储层孔喉结构的好坏与排驱压力呈反比，排驱压力越大，储层的孔隙越小，孔喉的连通性越差[图4-14(c)]。Ⅰ类、Ⅱ类、Ⅲ类和Ⅳ类储层的最大进汞饱和度和退汞效率与储层的相关性不是很明显[图4-14(d)]。Ⅰ类、Ⅱ类、Ⅲ类和Ⅳ类毛管压力曲线对应的中值半径依次减小，中值半径与储层孔喉结构的好坏呈正比，不同层位对应的孔喉分布区间具有明显的差异[图4-13(e)]。Ⅰ类、Ⅱ类、Ⅲ类和Ⅳ类储层的中值压力逐渐增大，中值压力越大，孔喉非均质性越强，开发时应注意筛选[图4-14(f)]。

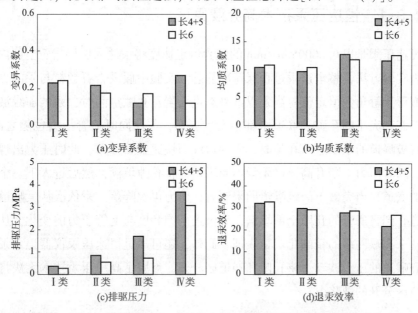

图4-14　姬塬油田长4+5储层和长6储层不同孔喉类型参数分布

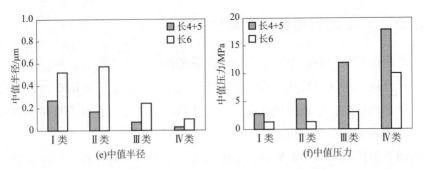

图 4 –14　姬塬油田长 4 +5 储层和长 6 储层不同孔喉类型参数分布(续)

4.3　恒速压汞实验表征孔喉网络分布

碎屑砂岩储层微观孔喉结构复杂多样，主要受到喉道的影响。喉道的几何形态、大小和长度等对储层物性的好坏起到了重要作用，从喉道特征的角度定性和定量描述储层的微观孔喉结构具有一定的价值。常规的高压压汞技术无法将孔隙和喉道分开研究，对喉道的分布研究效果不明显，使储层微观孔喉结构的研究精度受到了一定的限制。利用恒速压汞技术可分别获取有关孔隙和喉道半径的多种参数，进一步加深对储层微观孔喉结构特征的认识。

4.3.1　恒速压汞技术简介及原理

恒速压汞是以 0.00005mL/min 的经验恒定速度将汞注入储层岩石空间内的一种室内实验方法，整个进汞过程保持准静态。实验中假设岩石颗粒与汞的界面张力、润湿接触角为恒定值，当汞以准静态进入岩石孔隙空间时，汞的前缘液面在不同形态和大小的孔隙、喉道中都会发生变形，与此同时毛管压力也随之改变。当汞突破喉道的限制进入孔隙时，汞的弯液面快速重新分布，此时压力出现一次降落。随着压力不断升高，进汞量不断增多并将孔隙填满，然后进入下一个相对细小的喉道，当突破下一级喉道的限制时，压力再次降落。汞依次从大喉道进入小喉道直到将所有的孔隙全部填满，记录进汞饱和度与毛管压力的变化，从而实现对整个孔喉网络的精细化定量表征。此外，还可通过恒速压汞仪器记录汞进入孔隙和喉道的压力波动，将孔隙和喉道区分开，克服了高压压汞技术无法将孔隙和喉道区分开的缺陷。

4.3.2 实验步骤和结果

选取研究区 20 块典型岩心样品进行恒速压汞实验，实验的进汞压力为 0～1000psi，温度为 25℃，接触角为 140°，最终进汞压力为 6.2MPa。首先将岩心样品打磨后烘干，对烘干后的岩心样品进行物性气测，包括孔隙度和渗透率气测。选取有代表性的岩心样品抽真空，然后以 0.00005mL/min 恒定的极低速度向岩样中注入汞；利用计算机进行监测，进汞过程中压力出现周期性降落与回升现象，当最终进汞压力达到 6.2MPa 时实验结束，同时利用计算机进行数据采集与输出。采用恒速压汞实验不仅可以获得岩心样品的孔隙半径、喉道半径及孔喉半径比等频率分布，还可以获得孔隙和喉道的进汞饱和度与毛管压力关系，得到可精细表征孔隙与喉道特征的大量信息，见表 4-3。

表 4-3　姬塬油田长 4+5 储层和长 6 储层样品恒速压汞实验信息

分类	样品号	深度/m	孔隙度/%	渗透率/$10^{-3}\mu m^2$	孔隙体积/cm^3	平均喉道半径/μm	平均孔隙半径/μm	平均孔喉半径比	样品密度/(g/cm^3)	总孔隙进汞饱和度/%	总喉道进汞饱和度/%	分选系数
好	8	2249.40	12.17	0.555	0.32	0.886	130.94	191.9	2.33	46.12	27.06	0.271
	14	2101.96	16.85	0.609	0.325	0.629	155.626	84.95	2.29	37.777	36.848	2.196
中	2	2137.23	15.52	0.45	0.30	0.999	149.23	200.6	2.26	24.88	32.99	0.359
	4	2189.28	18.30	0.463	0.33	0.869	153.31	163.2	2.18	15.13	23.8	0.556
	10	2267.65	13.63	0.14	0.32	0.547	129.79	278.1	2.3	30.75	26.83	0.142
	11	2235.24	17.00	0.216	0.35	0.582	127.74	265.1	2.2	27.04	25.84	0.12
	12	2260.22	12.73	0.21	0.29	0.687	129.58	237.8	2.33	41	24.81	0.18
	13	2269.05	13.17	0.292	0.30	0.635	129.20	256	2.31	34.64	22.36	0.176
一般	3	2004.80	12.95	0.304	0.27	0.62	154.28	352.28	2.33	19.31	32.86	0.24
	6	2106.30	11.75	0.154	0.22	0.704	142.41	263.5	2.37	8.48	30.79	0.264
	7	2108.17	6.50	0.117	0.32	0.544	164.43	532.5	2.48	27.73	26.18	0.214
	9	2338.34	10.38	0.052	0.27	0.428	135.28	369.5	2.37	24.27	29.1	0.065
	15	1989.88	9.86	0.313	0.155	0.599	155.32	151.323	2.167	23.399	44.305	0.413
	17	2227.60	9.11	0.29	0.143	0.684	146.21	282.928	2.29	28.476	29.838	0.156
	18	2175.97	8.07	0.133	0.161	0.567	135.701	321.231	2.13	3.059	25.838	0.085
	20	2072.45	7.59	0.13	0.124	0.639	141.124	374.563	2.17	12.731	35.789	0.093

分类	样品号	深度/m	孔隙度/%	渗透率/$10^{-3}\mu m^2$	孔隙体积/cm^3	平均喉道半径/μm	平均孔隙半径/μm	平均孔喉半径比	样品密度/(g/cm^3)	总孔隙进汞饱和度/%	总喉道进汞饱和度/%	分选系数
差	1	2131.14	8.89	0.104	0.42	0.788	152.57	235.5	2.45	5.76	13.5	0.214
	5	2026.23	10.41	0.065	0.22	0.733	143.99	227.5	2.42	2.44	18.17	0.186
	16	2101.96	7.21	0.094	0.124	0.527	122.50	436.875	2.35	0.289	10.011	0.013
	19	2042.10	4.13	0.057	0.081	0.594	127.368	576.596	2.29	0.786	21.045	0.121

将由恒速压汞实验测得的孔隙进汞量、喉道进汞量、总进汞量曲线形态，以及由实验得到的各种参数作为参考依据，将研究区划分为好、中、一般、差四种孔喉结构类型(图4-15)。从好类到差类孔喉结构，储层物性逐渐变差，毛管压力曲线随着进汞饱和度的增大偏向图的右上方，中间平台段逐渐变陡峭。好类孔喉结构类型为低排驱压力-高进汞类型，平均排驱压力为0.324MPa，排驱压力较低；孔隙进汞饱和度的平均值为41.95%，喉道进汞饱和度的平均值为31.95%。好类孔喉结构的岩样储集空间大，大孔隙数量较多，孔喉发育程度较高。对应高压压汞实验中的Ⅰ类毛管压力曲线，属于研究区储集能力和渗流能力最好的储层[图4-15(a)、图4-15(b)]。中类为中排驱压力-较高进汞型，平均排驱压力为0.719MPa，排驱压力高于好类；孔隙进汞饱和度平均值为28.91%，喉道进汞饱和度平均值为26.11%；中类孔喉结构的岩样储集空间较好类小，大孔隙数量较多，孔喉发育程度降低。对应高压压汞实验中的Ⅱ类毛管压力曲线，储集能力和渗流能力较好，开发效益较好[图4-15(c)、图4-15(d)]。一般类为较高排驱压力-低进汞型，平均排驱压力为0.99MPa，排驱压力高于中类；孔隙进汞饱和度平均值为18.43%，喉道进汞饱和度平均值为31.84%；一般类孔喉结构毛管压力曲线趋向于右上方，有效储集空间减小，孔喉发育程度一般，孔喉连通程度降低。对应高压压汞实验中的Ⅲ类毛管压力曲线，储集能力和渗流能力一般[图4-15(e)、图4-15(f)]。差类孔喉结构排驱压力最大，排驱压力平均值为1.79MPa，孔隙进汞饱和度平均值为2.32%，喉道进汞饱和度平均值为15.68%，属于高排驱压力-较低进汞型。差类孔喉结构小喉道和小孔隙数量较多，流体不容易渗流，孔喉的连通性很差。对应高压压汞实验中的Ⅳ类毛管压力曲线，储层微观非均质性很强，不利于流体的储集和渗流[图4-15(g)、图4-15(h)]。

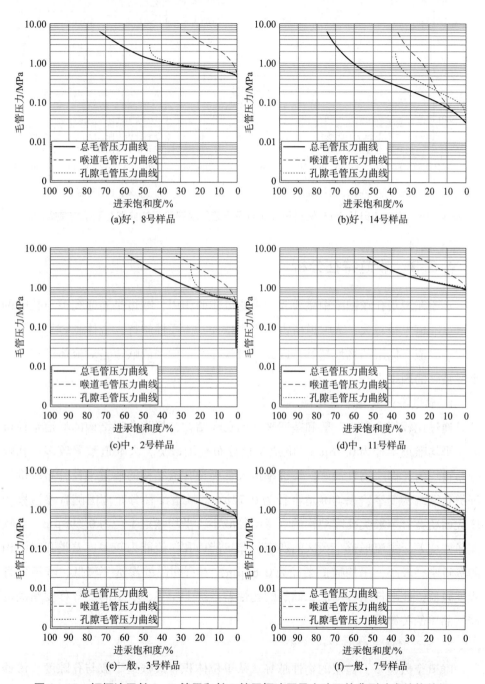

图4-15 姬塬油田长4+5储层和长6储层恒速压汞实验下的典型孔喉结构特征

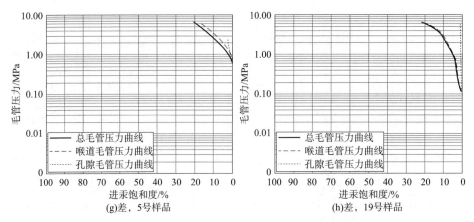

图4-15 姫塬油田长4+5储层和长6储层恒速压汞实验下的典型孔喉结构特征(续)

4.3.3 喉道特征分析

喉道在微观孔喉网络中主要起到渗滤流体的作用，喉道是连通孔隙与孔隙的通道，喉道半径越大，大喉道所占的比例越大，连通性越好，流体越容易在储集空间中渗流，储层的物性越好。因此，微观孔喉结构中的喉道是对流体渗流作出重要贡献的因素之一。

1. 喉道半径及其分布特征

通过比较好、中、一般和差四种不同孔喉结构，好类孔喉结构的喉道半径最大，平均喉道半径为0.76μm，喉道半径分布范围最宽，大喉道数量较多，孔喉分布较均匀，储层物性最好，渗透率最大；中类孔喉结构的喉道半径分布范围较好类孔喉结构变窄，平均喉道半径为0.72μm，喉道半径分布范围随着渗透率的增大而变宽；一般类孔喉结构的喉道半径减小，平均喉道半径为0.598μm，孔喉连通性变差，主流喉道半径区间变窄，储集能力和渗流能力较差；差类孔喉结构的喉道半径较小，平均喉道半径为0.66μm，岩石样品的渗透率较低，喉道发育程度较低，孔喉连通程度低，储层的物性差。综上所述，喉道的发育程度是决定储层品质的关键(图4-16)。

2. 有效喉道个数与物性关系

喉道个数越多，储层的物性越好。从单位体积有效喉道个数与孔隙度、渗透率的关系可以看出，渗透率与单位体积有效喉道个数的相关系数 R^2 为0.6847，孔隙度与单位体积有效喉道个数的相关系数 R^2 为0.2868，单位体积有效喉道个数越多，表明储层孔隙度和渗透率越大，连通孔隙的通道增多，流体的渗流能力增强，渗透率与单位体积有效喉道个数的关系更加密切(图4-17)。

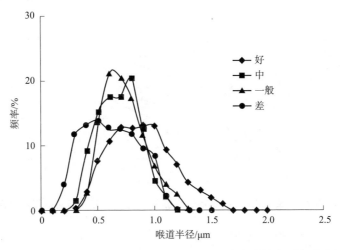

图4-16 姬塬油田长4+5储层和长6储层不同孔喉结构类型喉道半径分布

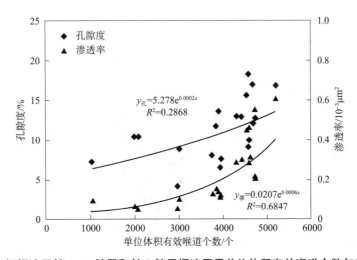

图4-17 姬塬油田长4+5储层和长6储层恒速压汞单位体积有效喉道个数与物性相关性

3. 有效喉道体积特征与物性关系

从有效喉道体积与物性的相关性图中可以看出，有效喉道体积越大，储层物性越好，两者分别存在一定的正相关关系。有效喉道体积与渗透率的相关系数 R^2 为 0.4731，有效喉道体积与孔隙度的相关系数 R^2 为 0.4142，两者相关性差别不大(图4-18)。

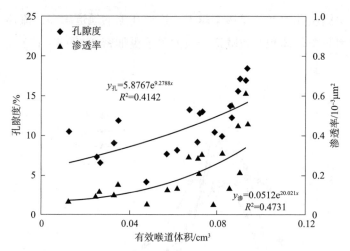

图 4-18　姬塬油田长 4+5 储层和长 6 储层恒速压汞有效喉道体积与物性相关性

4. 总喉道进汞饱和度与物性关系

总喉道进汞饱和度与物性正相关性不强，孔隙度与总喉道进汞饱和度的相关系数 R^2 为 0.4331，渗透率与总喉道进汞饱和度的相关系数 R^2 为 0.3913，其中渗透率的相关性稍微弱于孔隙度的相关性(图 4-19)。

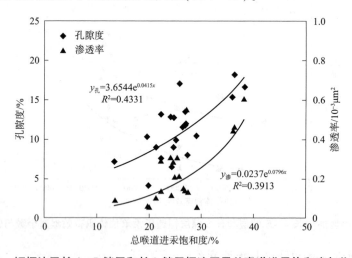

图 4-19　姬塬油田长 4+5 储层和长 6 储层恒速压汞总喉道进汞饱和度与物性相关性

4.3.4　孔隙特征分析

对孔隙半径、孔隙个数、孔隙体积及孔隙进汞饱和度等参数进行定量分析可以更深入地研究不同类型储层的孔隙特征。

1. 孔隙半径及其分布特征

利用恒速压汞实验得到反映孔隙半径、孔隙几何形态等的参数，可用于研究低渗透砂岩储层不同类型的孔喉结构对流体渗流的影响。通过对比研究区好、中、一般和差四种不同孔喉结构类型的孔隙半径分布曲线图，好类孔喉结构的孔隙半径最大，平均孔隙半径为143.28μm，大孔隙数量最多，储层的储集空间最大，储层物性最好，渗透率最大；中类孔喉结构的平均孔隙半径为136.48μm，孔隙半径变小，但大孔隙数量居多，储层整体物性较好；一般类孔喉结构的孔隙半径减小，平均喉道半径为146.84μm，孔喉连通性变差，储集能力和渗流能力较差；差类孔喉结构的孔隙半径较小，平均孔隙半径为136.61μm，孔隙发育程度较低，储层的物性差（图4-20）。不同孔隙半径的岩石渗流能力差异较明显，不同岩心样品中孔隙半径的大小和分布变化不大，储层的渗流特性不会因单一孔隙半径大小的变化而发生变化。

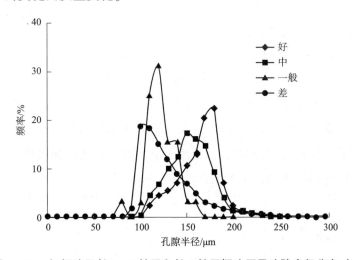

图4-20 姬塬油田长4+5储层和长6储层恒速压汞孔隙半径分布对比

2. 单位体积孔隙个数特征与物性关系

渗透率与单位体积孔隙个数呈正相关，从物性与单位体积孔隙个数的关系图中可以看出，单位体积孔隙个数与渗透率的相关系数 R^2 为0.7776，相关性较高；单位体积孔隙个数与孔隙度的相关系数 R^2 为0.3641，相关性较差（图4-21）。渗透率与单位体积有效孔隙个数的相关性高于孔隙度与单位体积有效孔隙个数的相关性。由于低渗透砂岩储层中对渗流能力起主要控制作用的是部分与喉道紧密相连的孔隙，因此孔隙个数越多，连通孔隙的喉道数也多，储层的渗流能力越强。

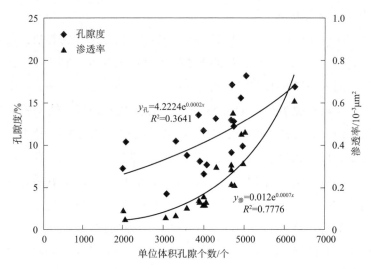

图 4-21　姬塬油田长 4+5 储层和长 6 储层单位体积孔隙个数与物性相关性

3. 有效孔隙体积与物性关系

单位体积有效孔隙体积与物性之间存在正相关关系，随着单位体积有效孔隙体积的增大，孔隙半径越大，储集能力越强，储层物性越好。从有效孔隙体积与物性的关系图中可以看出，孔隙度与有效孔隙体积的相关性趋近于线性分布，渗透率与有效孔隙体积的相关系数 R^2 为 0.9055，孔隙度与有效孔隙体积的相关性一般，其相关系数 R^2 为 0.5243，渗透率与有效孔隙体积的相关性好于孔隙度与有效孔隙体积的相关性（图 4-22）。

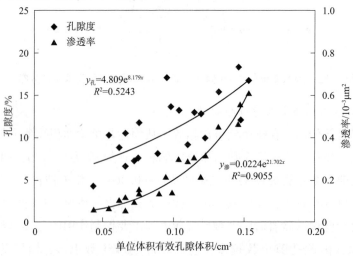

图 4-22　姬塬油田长 4+5 储层和长 6 储层单位体积有效孔隙体积与物性相关性

4. 总孔隙进汞饱和度与物性关系

从物性与总孔隙进汞饱和度的相关性图中可以看出，总孔隙进汞饱和度与物性的正相关性较好，孔隙度与总孔隙进汞饱和度的相关系数 R^2 为 0.4182，渗透率与总孔隙进汞饱和度的相关系数 R^2 为 0.8187，随着渗透率的不断增大，总孔隙进汞饱和度的增大速率不断减小。渗透率与总孔隙进汞饱和度的相关性好于孔隙度与总孔隙进汞饱和度的相关性(图 4 – 23)。

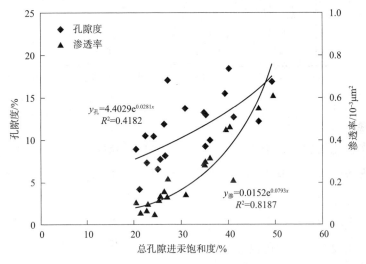

图 4 – 23　姬塬油田长 4 + 5 储层和长 6 储层总孔隙进汞饱和度与物性相关性

4.3.5　孔喉特征分析

孔喉半径比是反映孔喉间差异程度的重要参数，孔喉半径比越大，大孔隙数量越多，大喉道数量越少，流体流动时的阻力越大，开发效果越差。孔喉半径比越小，大喉道数量越多，流体在岩石孔隙中的渗流能力越强，储层开发效果越好。孔喉结构不同的岩样，其孔喉半径比也不一样。通过对比好、中、一般和差四种孔喉结构的孔喉半径比频率分布曲线，好类孔喉结构的孔喉半径比最小，孔喉半径比平均值为 138.43，大喉道数量最多，储层物性最好，渗透率最大。中类孔喉结构的孔喉半径比平均值为 233.47，孔喉半径比变大，大喉道数量减少，但储层整体物性相对较好。一般类孔喉结构的孔喉半径比变大，孔喉半径比平均值为 330.98，储集能力和渗流能力较差。差类孔喉结构的孔喉半径比最大，孔喉半径比分布频率曲线区间最宽，孔喉半径比平均值为 369.12，孔隙发育程度较低，储层的物性差(图 4 – 24)。

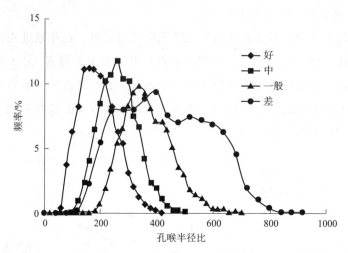

图 4 −24　姬塬油田长 4 +5 储层和长 6 储层孔喉半径比分布对比

孔喉半径比与物性呈负相关，其中孔隙度与孔喉半径比的相关系数 R^2 为 0.6423，渗透率与孔喉半径比的相关系数 R^2 为 0.471，渗透率与孔喉半径比的负相关关系较孔隙度与孔喉半径比的负相关关系差(图 4 − 25)。随着孔喉半径比的不断减小，大喉道数量增多，流体的渗流能力不断增强，油气容易被驱替出来，当喉道半径比较大时，大孔隙数量增多，而大喉道数量减少，孔隙空间中的流体不容易通过小喉道渗流，使得孔喉网络中的流体难以流动，储层物性较差，油气采收率低。

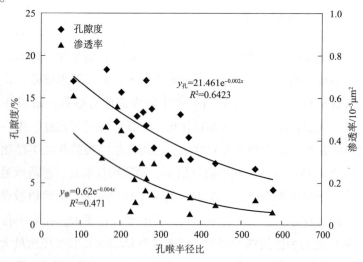

图 4 − 25　姬塬油田长 4 +5 储层和长 6 储层孔喉半径比与物性相关性

上述分析表明，孔隙半径、喉道半径、孔喉半径比等参数对储层物性有一定的影响，不同孔喉结构参数与物性的相关性不一样。微观孔喉结构各参数之间的关系紧密，相互制约。孔隙和喉道半径与物性呈正相关，孔喉半径比与物性呈负相关，储层物性随着孔喉半径比的增大而变差。样品孔隙半径大，孔隙度不一定大，有效孔隙个数较少，则孔隙度较小；喉道半径小，大喉道数量较少，其单位体积有效喉道体积小，储层渗透率较低。孔喉半径比受很多因素的影响，包括岩石颗粒的压实作用、胶结物含量等，喉道的发育是影响储层性能的关键因素。

4.3.6 微观油水分布规律综合评价

恒速压汞实验不仅能将孔隙和喉道区分开来，还可对微观孔隙、喉道及孔喉配置关系特征进行研究，能进一步反映可动流体和束缚流体的地下微观分布状态及其流体的储集和渗流能力。通过对比好、中、一般、差四种孔喉结构的渗透率累计贡献率、渗透率贡献率、总进汞饱和度、喉道进汞饱和度、孔隙进汞饱和度、喉道进汞增量、孔隙进汞增量和总进汞增量随着喉道半径的变化而变化的曲线，可将油、水分布区间分为喉道主要控制区、孔隙主要控制区及孔喉共同控制区(图4-26)。

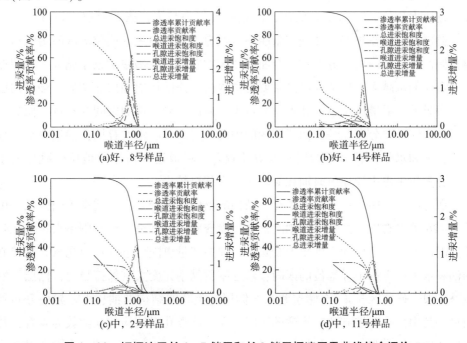

图4-26 姬塬油田长4+5储层和长6储层恒速压汞曲线综合评价

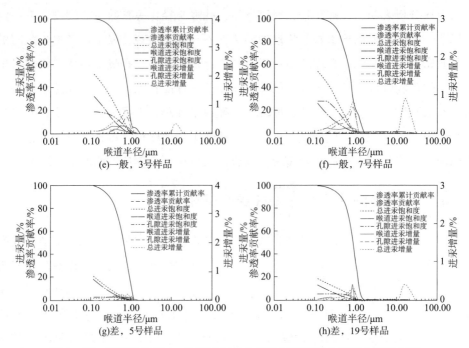

图4-26 姬塬油田长4+5储层和长6储层恒速压汞曲线综合评价(续)

孔隙进汞量占主导地位的为孔隙主要控制区,该区主要为油富集区,富集的油气远远大于样品喉道富含的水,渗透率贡献率越大,表明储层中富含的油越多,储层开发效益越好,油气产量越高。喉道进汞量占主导地位的区间为喉道主要控制区,该区间主要分布在综合曲线图像的左侧,渗透率贡献率越大,表明储层中富含的水越多,喉道控制区主要为富水区,该区块内储层非均质性强,储层开发效果差。喉道进汞量和孔隙进汞量无一方占主导地位的区间为孔喉共同控制区,该区间主要分布在综合曲线图像的中间,属于油、水共存区;渗透率贡献率越大,油和水赋存越多,储层开发效益越差,喉道进汞占主导地位时赋存的水多,孔隙进汞占主导地位时油相对较多、水相对较少。

研究区好、中、一般和差类孔喉结构的物性逐渐变差,渗透率不断降低。由图4-26可以看出:由喉道控制的富水区渗透率的贡献率变化范围不大;由孔隙控制的富油区渗透率的贡献率不断减小,油井产量也随之下降;由孔喉共同控制的油和水无一方占主导地位的区间,渗透率贡献率先变大后保持稳定,储层开发效益一般。研究区长4+5储层和长6储层好类孔喉结构的油、水差异性分布最明显,其中由孔隙控制的富集油的区间最大,该类孔喉结构的孔隙较为发育,孔喉连通性较好,剩余油富集量较多[图4-26(a)、图4-26(b)]。中类孔喉结构的油水分异较明显，孔隙发育程度较高，同时由喉道控制的富水区变大，为低渗透砂岩油层的主要富集区[图4-26(c)、图4-26(d)]。一般类孔喉结构的孔隙和喉道发育程度较中类低，孔喉配置关系较中类差，油水分异不明显，水富集较油富集多，储层物性差，开发效益不理想[图4-26(e)、图4-26(f)]。差类孔喉结构样品显示，渗透率贡献率非常小，主要为死油区，储层见少量油或不见油[图4-26(g)、图4-26(h)]。

采用多种实验技术共同表征储层的微观孔喉结构特征，其中采用铸体薄片和扫描电镜技术观察孔隙和喉道特征，采用图像孔隙技术描述孔隙半径的大小分布。采用高压压汞和恒速压汞实验更全面地表征储层的微观孔喉结构，其中恒速压汞实验克服了高压压汞不能将孔隙和喉道分开的弊端，能更精细地表征储层微观孔喉的分布特征。通过对储层微观孔喉三维网络分布进行研究，可进一步认识流体在孔喉中的流动规律，为下一步对流体的渗流研究提供一定的理论支撑。

4.4 本章小结

(1)姬塬油田长4+5储层和长6储层孔隙以残余粒间孔为主，长石溶孔次之，还发育少量的岩屑溶孔、晶间微孔及微裂缝等。从碎屑岩成岩作用演化的角度将喉道定性地划分出4种主要类型，分别为点状喉道、管束状喉道、片状喉道和弯片状喉道。

(2)姬塬油田长4+5储层和长6储层面孔率分布区间分别为1.95% ~5.27%、0.33% ~3.74%；平均面孔率分别为2.92%、1.84%；长4+5储层平均比表面的分布区间为0.35~0.70μm；平均形状因子分布在0.76~0.81；平均配位数最大为1.14，最小为0.59；均质系数最大为0.48，最小为0.42；分选系数最大为32.50，最小为17.49。长6储层平均比表面分布区间为0.37 ~104.50μm；平均形状因子最大为0.99，最小为0.22；平均配位数最大为1.92，最小为0.38；均质系数最大为0.71，最小为0.37；分选系数最大为25.32，最小为1.42。孔隙个数越多、面孔率越大、配位数越多，相对来说孔隙空间越大，储层的储集能力越强。

(3)根据高压压汞实验得出的毛管压力曲线的分布形态及实验参数特征，将研究区长4+5储层和长6储层的毛管压力曲线划分为Ⅰ类、Ⅱ类、Ⅲ类和Ⅳ类4种类型，Ⅱ类和Ⅲ类所占比例较高，Ⅰ类较为少见，Ⅳ类物性较差且基本不出油。Ⅰ类毛管压力曲线表现为低排驱压力－细喉道型特征，毛管压力曲线形态表现为偏向图的左下方，汞进入岩石空间相对较容易，排驱压力低。Ⅱ类毛管压力曲线表现为低排驱压力－微细喉道型特征，毛管压力曲线形态表现为偏向图左下方，排驱压力比Ⅰ类毛管压力曲线略高，该类储层的物性较好，中孔喉数量较多，储层的孔隙空间较大，流体的渗流能力较强，孔隙主要为残余粒间孔和长石溶孔，部分为微孔。Ⅲ类毛管压力曲线表现为中高排驱压力－微喉道型特征，毛管压力曲线形态较陡峭，水平平台不明显，排驱压力变高。Ⅳ类毛管压力曲线表现为中排驱压力－微喉道型特征，该类储层主要分布在分流间湾和砂质泥岩中，储层岩石致密，物性最差，孔隙类型以微孔为主，储层非均质性较强，流体渗流能力差。

（4）Ⅰ类、Ⅱ类、Ⅲ类和Ⅳ类储层的均质系数依次减小，变异系数依次增大，表明孔喉的非均质程度逐渐变高，大孔喉数量逐渐减少。储层的孔喉结构好坏与排驱压力呈反比，排驱压力越大，储层的连通性越差。最大进汞饱和度、退汞效率与储层的相关性不是很明显，中值半径与储层的孔喉结构的好坏呈正比，不同层位对应的孔喉分布区间具有明显的差异。Ⅰ类、Ⅱ类、Ⅲ类和Ⅳ类储层的中值压力逐渐增大，平均孔喉半径逐渐减小，说明储层的中值压力越高，孔喉非均质性越强，开发时应注意筛选。

（5）采用恒速压汞实验可将孔隙和喉道区分开，将孔隙进汞量、喉道进汞量及总进汞量的曲线形态等作为参考依据，可将孔喉结构划分为好、中、一般、差四种类型。好类到差类孔喉结构代表由好到坏四种不同的储层类型。好类为低排驱压力－高进汞类型，孔喉结构的储集空间大，大孔隙数量较多，孔喉发育程度较高；对应高压压汞实验中的Ⅰ类毛管压力曲线，为研究区储集能力和渗流能力最好的储层。中类为中排驱压力－较高进汞型，大孔隙数量较多，孔喉发育程度降低；对应高压压汞实验中的Ⅱ类毛管压力曲线，储集能力和渗流能力较好，开发效益较好。一般类储层为较高排驱压力－低进汞型，毛管压力曲线趋向于右上方，有效储集空间减小，孔喉发育程度一般，孔喉连通程度降低；对应高压压汞实验中的Ⅲ类毛管压力曲线，储集能力和渗流能力一般。差类为高排驱压力－较低进汞型，差类孔喉结构的毛管压力曲线几乎没有稳定平台，小喉道和小孔隙数量较多，流体不容易渗流，孔喉的连通性很差；对应高压压汞实验中的Ⅳ类毛管压力曲线，储层微观非均质性很强，不利于流体的储集和渗流。

（6）恒速压汞实验数据分析表明，孔隙半径、喉道半径及孔喉半径比等参数与储层物性有一定的相关性，孔隙和喉道参数均与物性呈正相关，孔隙半径比与物性呈负相关。渗透率与单位体积有效喉道个数的相关系数 R^2 为 0.6847，孔隙度与单位体积有效喉道个数的相关系数 R^2 为 0.2868；有效喉道体积与渗透率的相关系数 R^2 为 0.4731，有效喉道体积与孔隙度的相关系数 R^2 为 0.4142；孔隙度与总喉道进汞饱和度的相关系数 R^2 为 0.4331，渗透率与总喉道进汞饱和度的相关系数 R^2 为 0.3913；单位体积孔隙个数与渗透率的相关系数 R^2 为 0.7776，相关性较高；单位体积孔隙个数与孔隙度的相关系数 R^2 为 0.3641，相关性较差；渗透率与有效孔隙体积的相关性较好，其相关系数 R^2 为 0.9055，孔隙度与有效孔隙体积的相关性一般，其相关系数 R^2 为 0.5243；孔隙度与总孔隙进汞饱和度的相关系数 R^2 为 0.4182，渗透率与总孔隙进汞饱和度的相关系数 R^2 为 0.8187；孔喉半径比与孔隙度的相关系数 R^2 为 0.6423，渗透率与孔喉半径比的负相关关系较孔隙度与孔喉半径比的负相关关系差，孔喉半径比与渗透率的相关系数 R^2 为 0.471。

(7) 采用多种实验技术共同表征储层的微观孔喉结构特征，其中采用铸体薄片和扫描电镜技术观察孔隙和喉道特征，采用图像孔隙技术描述孔隙半径的大小分布。采用高压压汞和恒速压汞实验更全面地表征储层的微观孔喉结构，其中恒速压汞实验克服了高压压汞不能将孔隙和喉道分开的弊端，能更精细地表征储层微观孔喉的分布特征。

第5章 油水运动规律

低渗透砂岩储层受到微观非均质性的影响，导致流体在储层中的渗流特征复杂多样。本章在微观孔喉网络研究的基础上，利用核磁共振技术、油水相渗及真实砂岩微观水驱油模型实验实现对油水渗流规律的定量表征。利用核磁共振技术不仅可以获得 T_2 谱曲线的频率分布特征，还可以获得水测渗透率、气测孔隙度、气测渗透率、可动流体饱和度、可动流体孔隙度和束缚水饱和度等参数，并用于分析流体在孔隙空间中的赋存规律。利用油水相渗实验可以分析油水两相流体在储集空间中的相互干扰情况。利用微观水驱油模型可以模拟流体在实际储层岩石孔隙空间中的渗流特征。结合众多微观孔喉结构实验，研究流体在低渗透砂岩储层中的渗流特征，分析剩余油的富集规律，为油田实际注水开发提供依据。

5.1 可动流体赋存特征

可动流体饱和度是通过核磁共振技术测定饱和水和离心后 T_2 谱的弛豫时间而获得的，该参数表征了岩石孔隙空间中流体的赋存特征。应用可动流体饱和度可以定量表征储层岩石空间中孔喉的连通程度，进一步评价储层的好坏和储层的开发效益。

5.1.1 核磁共振实验

选取研究区 18 块岩心样品，其中长 4 + 5 储层 6 块、长 6 储层 12 块，对这些典型岩心样品进行核磁共振实验，测试样品的可动流体饱和度，观察流体在储集空间中的赋存特征。首先将样品洗油烘干不少于 8h，测量干样品的直径、长度及质量等，抽真空 12h，饱和地层水 12h。将样品从饱和地层水中取出，擦拭样品表面的液体，包裹保鲜膜；然后测量饱和样品质量，在记录样品质量后放入

NMR 仪器中测量，得到饱和样品的 T_2 弛豫时间分布图。接下来，进行离心操作，将样品放入离心机，进行第一次离心，转速为 2500r/min，时间约为 15min；离心结束后，包裹保鲜膜并称重，测量得到离心后样品质量，放入 NMR 仪器中测量，得到离心后样品的 T_2 弛豫时间分布图。分别加大转速至 2900r/min、3500r/min、5000r/min、7900r/min 和 9100r/min，重复以上实验操作，测得的饱和度见表 5 - 1。

表 5 - 1　姬塬油田长 4 + 5 储层和长 6 储层核磁共振测试结果

编号	深度/m	可动流体饱和度/%	束缚水饱和度/%	可动流体孔隙度/%	可动流体分类
1	2101.96	60.40	39.60	9.38	II类
2	2267.65	44.03	55.97	5.79	III类
3	2189.28	49.19	50.81	6.07	III类
4	2137.23	51.53	48.47	7.26	III类
5	2235.24	51.44	48.56	5.30	III类
6	1989.88	19.75	80.25	2.10	V类
7	2026.23	18.73	81.27	1.74	V类
8	2249.40	61.71	38.29	11.21	II类
9	2012.45	33.87	66.13	3.52	IV类
10	2260.22	27.09	72.91	3.69	IV类
11	2175.97	22.63	77.37	2.49	IV类
12	2227.60	26.57	73.43	3.38	IV类
13	2269.05	40.12	59.88	5.28	III类
14	2338.34	32.68	67.32	3.44	IV类
15	2042.10	16.33	83.67	2.11	V类
16	2004.80	13.78	86.22	1.42	V类
17	2108.17	5.38	94.62	0.56	V类
18	2131.14	8.02	91.98	0.77	V类

岩心样品饱和水后，岩石孔喉中一部分水处于自由状态，另一部分水处于束缚状态，自由状态的流体为可动流体；被小喉道束缚导致不可流动的流体为束缚流体。小孔隙和微孔隙中主要富集束缚流体，但也有极少数的可动流体赋存于微孔隙中；中大孔隙和喉道中主要富集可动流体，孔喉越大，可动流体富

集越多，同时也有少部分的束缚流体赋存于一些中大孔隙和喉道中。由于姬塬油田 T 井区微观三维孔喉网络空间错综复杂，很多大孔隙和喉道被次生小孔隙阻挡，导致孔喉的连通性变差，可动流体饱和度小，束缚水饱和度大。在核磁共振实验中得到的含有流体的岩心样品的 T_2 谱曲线分布具有较大的差异性，根据 T_2 谱曲线的差异性，可进一步推断可动流体和束缚流体在岩石孔隙空间中赋存的差异性。

根据石油天然气行业标准以及可动流体饱和度的分布区间，将储层类型分为 I 类、II 类、III 类、IV 类、V 类五种。其中：可动流体饱和度大于 65% 的储层为 I 类储层，储层物性最好；可动流体饱和度在 50% ~ 60% 的储层为 II 类储层，储层物性较好；可动流体饱和度在 35% ~ 50% 的储层为 III 类储层，储层物性中等；可动流体饱和度在 20% ~ 35% 的储层为 IV 类储层，储层物性较差；可动流体饱和度小于 20% 的储层为 V 类储层，储层物性最差。通过进行核磁共振实验，18 块岩心样品的可动流体饱和度分布在 5.38% ~ 61.71%，平均值为 32.40%。根据上述可动流体饱和度评价标准，将姬塬油田 T 井区分成 II 类、III 类、IV 类、V 类四类储层，以 III 类、IV 类和 V 类储层为主，其中 II 类储层分布较少。

从核磁共振实验得出的 T_2 谱曲线形态分布特征来看，该研究区 T_2 谱曲线类型主要分为单峰和双峰两种，其中双峰又可细分为左高右低峰和左低右高峰两种，从岩心样品的测试结果来看，研究区 T_2 谱曲线单峰较少，以双峰为主。

岩石孔隙空间中的孔隙和喉道越大，越有利于流体的渗流，当孔隙和喉道空间减小时，流体在孔喉间的渗流阻力较大，渗流能力减弱。当孔隙和喉道空间减小到流体无法流动时，核磁共振实验中对应的 T_2 谱弛豫时间为临界弛豫时间。大于此临界弛豫时间时为可动流体，这个阶段岩石空间内大孔隙和大喉道数量较多，流体在岩石孔隙空间中的流动阻力较小；小于该临界弛豫时间为束缚流体，流体处于束缚状态，受到岩石空间的阻力而无法流动。大量的实践经验表明，T_2 弛豫时间界限值为 13.895ms，本书以 13.895ms 的临界 T_2 弛豫时间为界，由 T_2 谱曲线形态分布特征发现，II 类储层的 T_2 谱曲线形态主要为双峰，分别为左低右高峰和左高右低峰；III 类储层的 T_2 谱曲线形态主要为单峰和左高右低峰；IV 类储层的 T_2 谱曲线形态主要为单峰；V 类储层的 T_2 谱曲线形态主要为单峰和左高右低峰(图 5 - 1、图 5 - 2)。

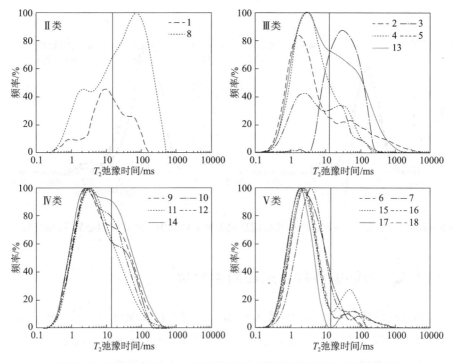

图 5-1　姬塬油田长 4+5 储层和长 6 储层核磁共振 T_2 谱曲线特征

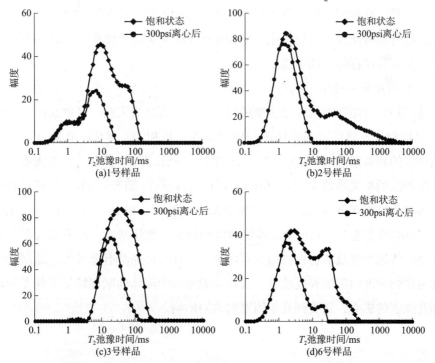

图 5-2　姬塬油田长 4+5 储层和长 6 储层典型岩心样品饱和状态和离心后 T_2 谱特征

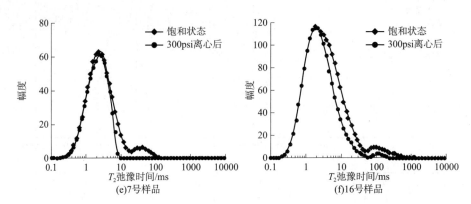

图 5 - 2　姬塬油田长 4 +5 储层和长 6 储层典型岩心样品饱和状态和离心后 T_2 谱特征(续)

5.1.2　可动流体赋存主控因素分析

影响可动流体赋存状态的因素有很多，宏观上有沉积微相差异、构造差异及平面物性差异等，微观上有成岩作用过程中孔喉的重新排列、次生溶蚀孔的发育、黏土矿物类型、孔隙组合类型、孔喉半径、孔喉半径比、孔喉连通程度及分选性等差异，这些因素均导致了可动流体赋存的差异。在储层宏观特征研究的基础上，结合铸体薄片和扫描电镜、X - 衍射及压汞实验等结果，可从多方面分析影响可动流体赋存特征的主控因素。

1. 孔隙度和渗透率

储层物性可用孔隙度和渗透率进行表征。分析结果表明，姬塬油田 T 井区长 4 +5 储层和长 6 储层可动流体饱和度和物性呈正相关，其中：孔隙度与可动流体饱和度的相关系数 R^2 为 0. 3934，正相关性一般[图 5 - 3(a)]；渗透率与可动流体饱和度的相关系数 R^2 为 0. 6105，正相关性较好[图 5 - 3(b)]。储层物性越好，可动流体饱和度越大，但从实验结果可以看出，样品(3 号、10 号、13 号、16 号)的渗透率越大，其可动流体饱和度却越小。整体来看，研究区大部分样品的可动流体饱和度随着物性的增大而增大，但部分样品具有差异性。储层物性对可动流体饱和度的影响程度较低，岩石孔隙空间中流体的赋存特征不仅受到渗透率和孔隙度的影响，还受到其他因素的共同影响。

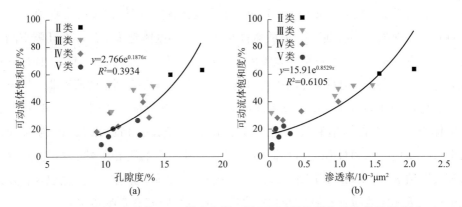

图 5 – 3 姬塬油田长 4 +5 储层和长 6 储层可动流体饱和度与物性相关性

2. 微观孔喉结构

可动流体饱和度大小与储层微观孔喉网络的分布密切相关，将由恒速压汞实验得出的孔喉结构参数与由核磁共振实验测得的可动流体饱和度相结合，可定性和定量地分析可动流体赋存特征与微观孔喉结构参数之间的相互关系。

1）孔喉半径和孔喉体积

18 块核磁共振样品所对应的恒速压汞实验数据表明，样品的有效孔隙半径分布范围为 122 ~ 181μm，孔隙半径分布较为分散、不均匀。孔隙半径越小，储层中可动流体越少，束缚流体越多，储层的储集能力越差。有效喉道半径分布范围为 0.47 ~ 2.09μm，喉道半径越小，流体的渗流能力越差，可动流体饱和度越小，束缚流体饱和度越大。由图 5 – 4 可以看出，可动流体饱和度与孔隙半径呈正相关，其相关系数 R^2 为 0.4261，相关性一般，表明储层有效孔隙发育程度较低，孔隙分布不均匀[图 5 – 4（a）]。可动流体饱和度与喉道半径的正相关性较

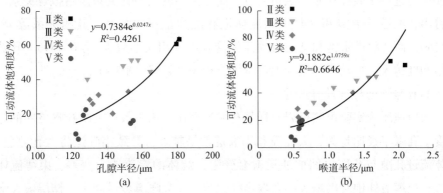

图 5 – 4 姬塬油田长 4 +5 储层和长 6 储层可动流体饱和度与孔隙半径、喉道半径相关性

好，其相关系数 R^2 为 0.6646[图 5-4(b)]，表明可动流体饱和度受喉道半径的影响较大，即喉道半径越大，束缚流体越少，可动流体越多，流体在孔隙空间中的渗流能力越强。喉道是影响可动流体赋存的重要因素，喉道半径越大，储层的渗流能力越强，孔喉结构对流体的束缚力越弱，流体在孔隙空间中的流动能力越强。

孔隙体积和喉道体积也可以表征可动流体的赋存特征，由图 5-5 可以看出，孔隙体积与可动流体饱和度呈正相关，相关性较差，相关系数 R^2 为 0.3472 [图 5-5(a)]。喉道体积与可动流体饱和度具有一定的正相关性，相关性较好，其相关系数 R^2 为 0.6202[图 5-5(b)]。由此可见，研究区长 4+5 储层和长 6 储层的可动流体主要赋存在颗粒与颗粒之间的有效孔隙和有效喉道中。

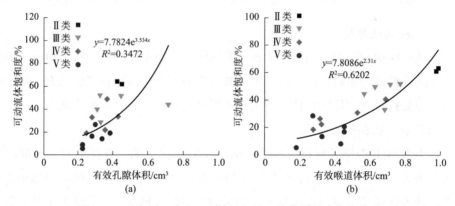

图 5-5　姬塬油田长 4+5 储层和长 6 储层可动流体饱和度
与有效孔隙体积、有效喉道体积相关性

孔隙半径和喉道半径越大，孔隙体积与喉道体积越大，可动流体饱和度越大，孔喉的连通性越好，流体在孔喉中的渗流能力越强。根据孔隙和喉道的进汞饱和度可进一步表征孔隙、喉道与可动流体饱和度之间的关系。由拟合关系图可以看出，喉道进汞饱和度与可动流体饱和度为正相关关系，其相关系数 R^2 为 0.7259；而孔隙进汞饱和度与可动流体饱和度的相关系数 R^2 为 0.4593，孔隙进汞饱和度越大，可动流体饱和度就越大，相关性较好(图 5-6)。

2)孔喉连通程度及分选性

由恒速压汞实验可测得岩心样品孔喉半径比，该参数可反映孔喉之间的连通程度。孔喉半径比越大，大孔隙和小喉道数量越多，导致小喉道将大孔隙包围，流体流过孔隙与孔隙之间的通道就会受阻，流体的渗流能力变差，束缚流体增多，且束缚流体饱和度增大。孔喉半径比越小，大喉道数量越多，储层被大喉道包围，流体连通孔隙之间的阻力越小，可流动的流体越多，可动流体饱和度越大。由恒速压汞实验可知，岩心样品的孔喉半径比最大值为 563，最小值为 152。由图 5 - 7(a)可以看出，孔喉半径比与可动流体饱和度之间存在负相关关系，孔喉半径比越大，可动流体饱和度越小，其负相关系数 R^2 为 0.571，负相关性较好。孔喉半径比反映了孔喉的连通程度，表征了有效孔喉内流体的渗流能力。孔喉半径比较大，表明孔隙半径和喉道半径差异较大，孔隙和喉道分布不均匀，孔喉连通性差，可动流体饱和度小。

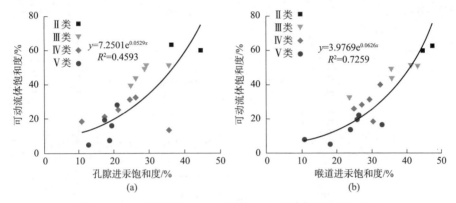

图 5 - 6 姬塬油田长 4 + 5 储层和长 6 储层可动流体饱和度
与孔隙进汞饱和度、喉道进汞饱和度相关性

不仅孔隙半径、喉道半径和孔喉半径比等参数对可动流体饱和度具有一定的影响，表征储层均匀程度的分选系数也与可动流体饱和度存在一定的关系，由压汞实验可知，研究区岩心样品的分选系数主要分布在 0.07 ~ 0.87。由图 5 - 7(b)可以看出，岩石颗粒的分选系数越大，可动流体饱和度越大，说明可动流体饱和度与岩石颗粒的分选系数的相关性较好，其相关系数 R^2 为 0.5364。

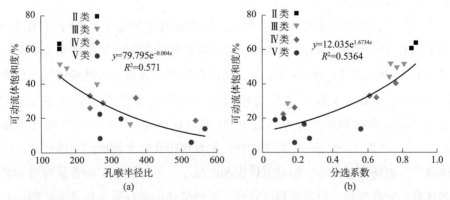

图 5 - 7 姬塬油田长 4 + 5 储层和长 6 储层可动流体饱和度与孔喉半径比、分选系数相关性

3. 黏土矿物的影响

流体在孔喉中的渗流与岩石孔隙空间中的黏土矿物含量、类型及充填程度具有一定的相关性。岩石孔隙空间中的黏土矿物含量越多，孔隙空间越少，很多大孔隙被切割成小孔隙，流体在岩石空间中的渗流受阻，导致可动流体饱和度变小，且束缚流体增多。由图 5-8 可以看出，两者存在一定的负相关关系，黏土矿物含量越多，可动流体饱和度越小，其相关系数 R^2 为 0.2196，相关性较差（图 5-8）。

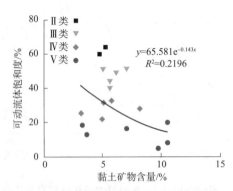

图 5-8　姬塬油田长 4+5 储层和长 6 储层可动流体饱和度与黏土矿物含量相关性

本书主要对伊利石、绿泥石、高岭石和伊/蒙混层等黏土矿物进行研究。其中，一方面高岭石可将原有的大孔隙切割成诸多小孔隙，增大了比表面积。薄膜状的绿泥石包裹在岩石颗粒表面，阻止岩石颗粒发生溶蚀。另一方面也可能堵塞孔隙，阻碍流体流动，具有双重作用。丝缕状伊利石或伊/蒙混层以搭桥式充填溶蚀孔及原生孔隙，缩小和堵塞了喉道，使得比表面积增大，从而使可动流体的赋存受到一定的影响。

X-衍射实验数据表明，研究区的黏土矿物绝对含量在 3.18%~10.55%，平均值为 6.23%。绿泥石的相对含量与可动流体饱和度之间呈负相关关系，其相关系数 R^2 为 0.1914[图 5-9(c)]，高岭石的相对含量与可动流体饱和度呈较弱的正相关，其相关系数 R^2 为 0.1839[图 5-9(b)]，伊利石、伊/蒙混层的相对含量与可动流体饱和度的相关系数 R^2 分别为 0.0832、0.1194，负相关关系差[图 5-9(d)、图 5-9(a)]。黏土矿物的发育使得孔喉之间的连通性变差，可动流体减少，束缚流体增多，可动流体饱和度减小。不同黏土矿物含量对可动流体饱和度有一定的影响，但影响程度较低，可动流体的赋存受多种黏土矿物的共同影响。

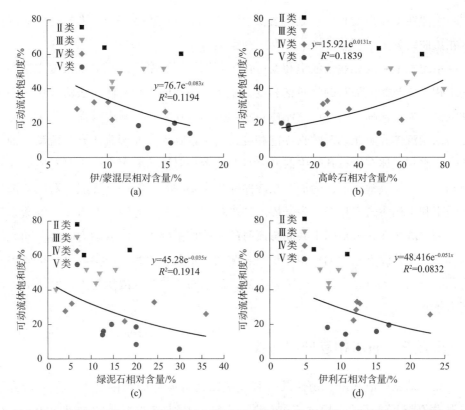

图 5-9 姬塬油田长 4+5 储层和长 6 储层可动流体饱和度与黏土矿物相对含量相关性

5.2 油水相渗实验

储层岩石孔隙空间内两相或多相流体共同赋存时，流体的相对渗透率受到孔喉结构三维分布、流体饱和度、润湿性及实验条件等因素的影响。流体饱和度和相对渗透率之间存在一定的关系，描述流体饱和度和相对渗透率之间的关系曲线称为相渗曲线，相对渗透率会随着流体饱和度的变化而变化。低渗透砂岩储层的油水相对渗透率曲线表现为可动流体饱和度小、含水率高及油水共渗区小等特点。油水相渗曲线能更直观地描述油水两相在岩石空间中的共存和渗流现象，表征了储层多孔介质中油水两相非线性的渗流特征。

5.2.1 油水相渗参数特征

使用束缚水饱和度、残余油饱和度、等渗点饱和度、等渗点处油和水的相对渗透率及油水两相共渗区等参数，可以定量地描述相渗曲线形态的变化规律。根据相渗曲线上端点处和交点处的各类特征参数，可将研究区 15 块岩心样品的油水相渗曲线分为 A 类、B 类、C 类三种类型。

束缚水饱和度和残余油饱和度可作为判别储层润湿性的标准，束缚水饱和度是水相流体开始流动时的临界饱和度，小于该临界值水相流体无法流动属于不可动流体，大于该临界值为可动流体，水相流体可在岩石空间中渗流。残余油饱和度为油相流体开始流动时的临界饱和度，大于该临界值油相流体开始流动。油相流体和水相流体在岩石孔隙中共同渗流，两者相对渗透率大小相等时对应的含水饱和度为等渗点饱和度，为油水相渗曲线最重要的参数之一。交点处对应的油相渗透率和水相渗透率相等，为等渗点油水相对渗透率。等渗点油水相对渗透率越高，油水两相在孔隙空间中共同渗流时的干扰作用越小，渗流能力越强。油水两相共渗区是共渗点左侧油水相面积与右侧油水相面积的和，该参数是表征储层岩石孔隙空间中渗流能力强弱的重要参数，油水两相共渗区面积越大，储层的渗流能力越好。

5.2.2　油水相渗曲线分类

在可动流体饱和度、物性及微观孔喉结构等研究的基础之上，选取研究区 15 块岩心样品进行油水相对渗透率测试实验，得到 15 块样品的相渗曲线及特征参数。

将样品洗油后烘干不少于 8h；测量干样品直径、长度和质量；抽真空 12h，饱和地层水 12h，测量饱和样品质量；用饱和样品与干样品的质量差值比上地层水的密度，计算出样品的有效孔隙体积；在油水分离器中装少许水备用，记录液面的起始位置。将样品放入岩心夹持器中，打开油阀门，进行油驱水实验。当油水界面稳定，油水分离器中油的体积达到 8 倍的有效孔隙体积及以上时，关闭油阀门，记录油水界面与起始液面的差值，得出油驱出水的体积，进而计算出岩心束缚水饱和度；拆下油水分离器和岩心夹持器进行清洗。重新安装以后，记录油水分离器初始液面高度，打开水阀门，进行水驱油实验。当油水分离器出现第一滴油时，开始记录，记录每驱出 1mL 油所用的时间。等到油体积不再增加，油水界面与起始液面的差值到 8 倍的有效孔隙体积及以上时，实验结束。此时，记录了一系列的油体积与时间，利用上述数据，计算出不同状态下岩心的平均含水饱和度。利用经验公式分别计算出油相相对渗透率与水相相对渗透率，最后绘制成图。根据相渗曲线上端点处、交点处的这些特征参数，将研究区 15 块岩心样品的油水相渗曲线由好到差分为 A 类、B 类、C 类三种类型。A 类油水相渗曲线的油水共渗区面积最大，等渗点对应的相对渗透率最高；B 类油水相渗曲线的油水共渗区面积较小，等渗点对应的相对渗透率比 A 类油水相渗曲线等渗点对应的相对渗透率低；C 类油水相渗曲线的油水共渗区面积最小，等渗点对应的相对渗透率最低(图 5 - 10)。

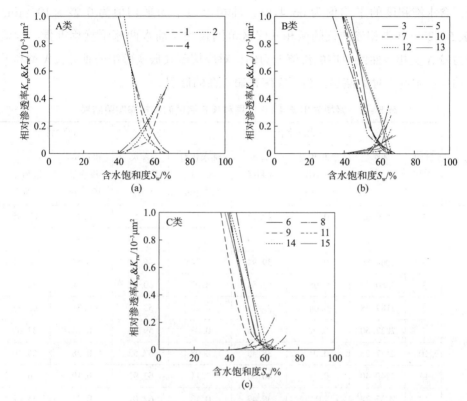

图 5 - 10　研究区储层油水相渗曲线分类

A 类相渗曲线总共对应 3 块岩心样品，占相渗实验总样品数的 20%，该类相渗曲线孔隙度分布在 10.03% ~ 13.17%，平均孔隙度为 12.12%，渗透率分布在 $(0.50 ~ 1.57) \times 10^{-3} \mu m^2$，平均渗透率为 $0.96 \times 10^{-3} \mu m^2$；处于束缚水状态时，含水饱和度和油相渗透率的平均值分别为 41.2%、$0.1 \times 10^{-3} \mu m^2$。交点处含水饱和度的平均值为 55.97%，油相渗透率的平均值为 $0.17 \times 10^{-3} \mu m^2$；处于残余油状态时，含水饱和度平均值为 66.54%，油相渗透率平均值为 $0.48 \times 10^{-3} \mu m^2$（表 5 -2）。A 类相渗曲线的两相共渗区范围最大，油水两相干扰程度低，渗流能力强，对应核磁共振实验中的Ⅲ类和Ⅳ类储层，属于研究区较好的储层。

B 类相渗曲线对应的岩心样品为 6 块，占样品总数的 40%，该类相渗曲线孔隙度分布在 10.31% ~18.17%，平均孔隙度为 13.54%，渗透率分布在 (0.16 ~ 0.42) ×10^{-3}μm^2，平均渗透率为 0.27×10^{-3}μm^2；处于束缚水状态时，含水饱和度和油相渗透率的平均值分别为 40.08%、0.02×10^{-3}μm^2。交点处含水饱和度的平均值为 59.48%，油相渗透率的平均值为 0.1×10^{-3}μm^2；处于残余油状态时，含水饱和度的平均值为 66.41%，油相渗透率的平均值为 0.22×10^{-3}μm^2（表 5 -2）。B 类相渗曲线的两相共渗区范围较大，油水两相干扰程度低，渗流能力较 A 类相渗曲线对应的渗流能力弱，对应核磁共振实验中的Ⅲ类、Ⅳ类和Ⅴ类储层，主要为Ⅲ类储层，为研究区普遍存在的储层。

表 5 -2　姬塬油田长 4 +5 储层和长 6 储层油水相渗实验结果

类别	样品编号	深度/m	束缚水状态		交点处		残余油状态	
			油相相对渗透率/10^{-3}μm^2	含水饱和度/%	油水相对渗透率/10^{-3}μm^2	含水饱和度/%	水相相对渗透率/10^{-3}μm^2	含水饱和度/%
A 类	1	2269.05	0.10	40.17	0.12	57.53	0.49	67.05
	2	2267.65	0.15	43.49	0.15	53.80	0.43	64.27
	4	2004.80	0.04	39.94	0.24	56.57	0.51	68.31
B 类	3	2260.22	0.05	43.54	0.07	60.62	0.14	68.83
	5	2189.28	0.04	39.21	0.12	53.31	0.31	65.74
	7	2227.60	0.02	39.19	0.07	59.46	0.14	67.00
	10	2137.23	0.01	38.45	0.08	57.52	0.28	66.10
	12	2249.40	0.01	40.63	0.11	63.92	0.19	66.37
	13	2235.24	0	39.43	0.13	62.04	0.23	64.42
C 类	6	1989.88	0.01	38.57	0.04	58.05	0.08	64.86
	8	2175.97	0.01	43.59	0.01	63.69	0.11	72.38
	9	2042.10	0.01	39.47	0.22	54.19	0.54	64.66
	11	2026.23	0.01	39.25	0.05	57.27	0.23	65.19
	14	2012.45	0	40.30	0.01	68.60	0.03	71.80
	15	2108.17	0	36.76	0.04	62.43	0.08	65.33

　　C 类相渗曲线对应的岩心样品为 6 块，占样品总数的 40%，其参数特征表现为：孔隙度分布在 9.31% ~ 12.95%，平均孔隙度为 10.77%，渗透率分布在 (0.04 ~ 0.21) ×10^{-3}μm^2，平均渗透率为 0.15×10^{-3}μm^2；处于束缚水状态时，

含水饱和度和油相渗透率的平均值分别为 39.67%、$0.007 \times 10^{-3} \mu m^2$；交点处含水饱和度的平均值为 60.7%，油相渗透率平均值为 $0.06 \times 10^{-3} \mu m^2$。处于残余油状态时，含水饱和度平均值为 67.37%，储层油相渗透率平均值为 $0.18 \times 10^{-3} \mu m^2$（表 5 - 2）。C 类相渗曲线的两相共渗区范围变小，物性相对较差，处于束缚水状态时油相的渗透率最低，油水两相干扰程度高，渗流能力较弱，主要对应核磁共振实验中的Ⅳ类储层，不利于储层中油水两相的渗流，为研究区较差的储层。

5.3 真实砂岩微观水驱油机理

由于低渗透砂岩储层的微观非均质性较强，使得油和水在微观三维孔喉网络空间中的分布十分复杂，在注水开发过程中容易出现多种层内、层间和平面等矛盾。具体可体现在层间的单层突进、层内原油未被水波及和平面上出现绕流等现象，这些矛盾导致储层中剩余油富集，较多的原油储集在地层中无法被开采。为提高原油的采收率，需要更进一步地了解储层中剩余油在孔隙空间中的赋存特点，可在室内利用真实砂岩微观水驱油模型模拟剩余油的分布，为油藏实际注水开发方案的制定提供一定的参考。

5.3.1 微观水驱油实验原理

用电子显微镜可视化地观察砂岩微观模型中流体的渗流特征及剩余油的分布特征，是一种有效的室内模拟油藏注水开发的实验方法。实验中，将岩心样品打磨后制成砂岩微观模型，配制成黏度为 1.45Pa·s 并加入油溶红染成红色的模拟油，将其作为地层中的原油，配制成矿化度为 16000mg/L 并加入亚甲基蓝染成蓝色的模拟水，将其作为地层水。实验中配制的模拟油和模拟水相互不溶解，可以在岩石空间中同时赋存，用模拟水来驱替岩石中的模拟油。利用电子显微镜和微观图像采集技术，对油水的微观分布进行研究，能直观地反映油水的分布特征。

5.3.2 实验模型与实验设备

1. 实验模型

本次实验选取研究区 12 块典型的岩心样品，在保持原样品各种物理属性不变的前提条件下，对岩心样品先洗油，然后烘干 8h，对烘干后的岩心进行切片再磨平，最后黏在两块玻璃片之间，贴上标签制成砂岩微观模型。最高承受高温在 80℃左右，模型的长度、宽度为 2.8cm、2.5cm，厚度为 0.6mm，承压能力小于 0.3MPa。研究区储层水驱油实验模型如图 5 – 11 所示，其中图 5 – 11（a）为砂岩微观模型；图 5 – 11（b）为饱和水模型，蓝色物为模拟水；图 5 – 11（c）为饱和油模型，红色物为模拟油；图 5 – 11（d）为水驱油模型。

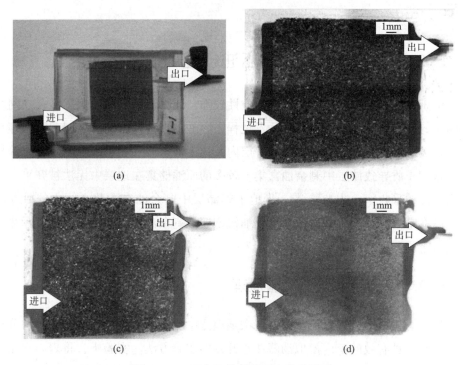

图 5 – 11　研究区储层水驱油实验模型

2. 实验设备

本实验主要用到计算机图像采集装置、电子显微镜、压力监测设备及抽真空设备等。使用抽真空设备可将岩心样品中的空气从模型中排出，从而减小实验误差。加压系统通过数字压力仪对模型加压，同时测量压力的大小。使用电子显微镜可以随时观察水驱油过程中流体运动的各种现象。计算机图像采集装置可通过摄像头将视频和照片等信息采集并传输到计算机上，定性和定量地观察油水的运动规律。

5.3.3 实验步骤

1. 气测、液测渗透率

在气测渗透率之前，首先对模型的孔隙体积进行计算，得到如表 5 – 3 所示 12 块岩心样品的孔隙体积，然后对模型进行抽真空和饱和水，对饱和水后的岩心样品进行 5 次气测渗透率和液测渗透率。利用压力装置增大压力，当液柱中的液体开始流动时，计算时间、流量和压力，取 5 次气测渗透率和液测渗透率实验的平均值。实验中各岩心样品孔隙体积及气液测渗透率统计见表 5 – 3。

表5–3 实验中各岩心样品孔隙体积及气测、液测渗透率统计

样品编号	井深/m	孔隙体积/mL	气测渗透率/$10^{-3}\mu m^2$	液测渗透率/$10^{-3}\mu m^2$
1	2175.97	0.0254	0.1033	0.9313
2	2267.65	0.0376	0.2059	4.8646
3	2026.23	0.0425	0.2105	0.0514
4	2249.40	0.0456	0.1546	3.0555
5	2235.24	0.0429	0.8115	0.1642
6	1989.88	0.0425	0.1874	0.1244
7	2260.22	0.0458	0.4194	1.3647
8	2189.28	0.0449	0.4979	0.1908
9	2227.60	0.0432	0.382	0.1453
10	2004.80	0.0357	0.1146	0.0816
11	2175.97	0.0336	1.5654	0.4383
12	2012.45	0.0332	0.0413	3.8061

2. 饱和油至束缚水状态

首先对饱和水后的微观模型进行饱和水全视域拍摄，然后进行模拟油驱替模拟水的实验，直至每个模型只出油不出水为止。利用电子显微镜和图像采集装置对每个模型进行全视域和局部扫描、拍照。由于不同的模型孔隙度和渗透率不同，导致在给定的注入压力下，饱和油的时间不一样。物性较差、微观孔喉结构复杂的模型饱和油的时间较长，孔隙空间中进入的油很少，并且有的模型岩石较致密甚至不进油，如图 5 – 12、图 5 – 13 所示。

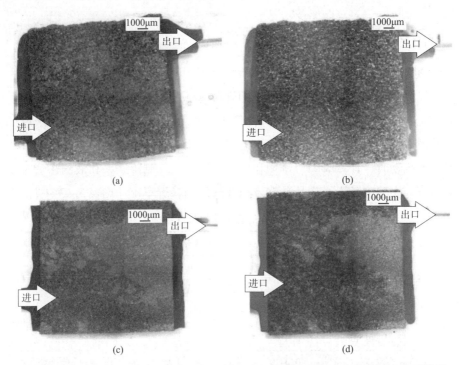

图 5 – 12　姬塬地区长 4 +5 储层和长 6 储层水驱油实验饱和水和饱和油全视域模型

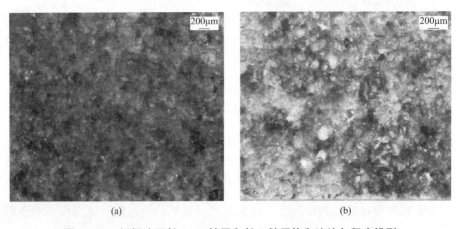

图 5 – 13　姬塬油田长 4 +5 储层和长 6 储层饱和油均匀程度模型

　　在饱和水的岩心样品左引槽处接入含有模拟油的管子，进行饱和油实验。用加压装置给微观模型增大压力，当压力增大到一定程度时，模拟油充满模型的左引槽，并开始进入岩石孔隙中，记录此时的注入压力，该压力为饱和油的启动压力。不断增大压力使微观模型的右引槽中只出油不出水，完成饱和油的全过程，当油将水全部驱替完毕后，统计原始含油饱和度。本水驱油实验中 12 块岩心样品的实验结果表明，岩心样品的饱和油启动压力分布在 5.5 ~ 92.2kPa，平均值为 36.22kPa，原始含油饱和度分布在 21.38% ~ 65.44%，平均值为 47.62%（表 5 - 4）。

表 5 - 4　实验中各岩心样品油驱水驱替类型和原始含油饱和度计算结果

样品编号	深度/m	饱和油启动压力/kPa	液测渗透率/$10^{-3}\mu m^2$	原始含油饱和度/%	驱替类型
1	2175.97	10.5	0.9332	63.39	指状驱替
2	2267.65	9.5	4.8665	38.35	指状 - 网状驱替
3	2026.23	92.2	0.0533	47.90	指状驱替
4	2249.40	6.2	3.0574	35.95	指状 - 网状驱替
5	2235.24	38.5	0.1661	65.44	网状驱替
6	1989.88	65.5	0.1263	21.38	指状 - 网状驱替
7	2260.22	20.1	1.3666	23.18	指状驱替
8	2189.28	47.1	0.1927	57.20	指状 - 网状驱替
9	2227.60	50.4	0.1472	58.30	网状驱替
10	2004.80	60.6	0.0835	64.94	指状 - 网状驱替
11	2175.97	28.5	0.4402	60.69	指状 - 网状驱替
12	2012.45	5.5	3.8080	34.73	指状驱替

3. 水驱油至残余油状态

水驱油至残余油状态的过程是用模拟水驱替岩石孔隙空间中处于饱和状态的油，直到油无法被模拟水驱出，且以残余油的形式赋存于岩石孔隙中时实验结束。首先水驱油至模型的 1 倍孔隙体积（1PV），记录此时水驱油的启动压力，对油水分布情况的模型进行录像和拍照，统计剩余油饱和度。分别增大水驱替倍数，水驱油至模型的 2PV 和 3PV，并计算水驱油效率。

在水驱油过程中，可观察到均匀状、指状、网状及混合驱替等多种水驱油类型。水驱替后，大量的残余油赋存于岩石孔隙空间中，主要有以油膜形式赋存于孔隙壁上的残余油、注入水沿着高渗带突进而形成的绕流残余油、少量在喉道中间被卡断的残余油，油滴被分成两个部分，一部分被水带走，另一部分残留在孔隙中。

均匀驱替类型的岩心样品最终水驱油效率较高，水驱油时主要沿着岩石孔隙空间中高渗透的通道突进，水在高渗带处逐渐扩大，使整个微观模型几乎全部被水波及，水波及范围较广［图 5 - 14（a）、图 5 - 14（b）］。指状驱替类型最终水驱油效率低，水驱前缘呈指状的分布形式，指状驱替容易形成大面积的绕流残余油

[图 5 – 14(c)、图 5 – 14(d)]。网状驱替类型主要表现在水驱前缘突进呈水网状的分布形式，最终水驱油效率位于均匀驱替类型和指状驱替类型水驱油效率之间[图 5 – 14(e)、图 5 – 14(f)]。油膜残余油主要分布在水未波及的地方，残余油以油膜的形式赋存于微观模型中及水驱替过后的孔隙壁周围，一般在水通道上油膜的厚度相对较小[图 5 – 14(g)]。角隅残余油主要赋存于岩石孔隙的边缘或死角处，水驱替后呈孤立的油滴状，由于水不容易波及，导致很多残余油不能被水驱替出来[图 5 – 14(h)]。绕流残余油为岩石孔隙空间中最主要的残余油，水沿着高渗透带的方向突进，导致大面积的剩余油富集在岩石孔隙空间中未被水波及。该类残余油主要受到微观非均质性的影响，在指状驱替和网状驱替过程中演变形成[图 5 – 14(i)]。卡断残余油是由于剩余油在喉道中被卡断，水通过时一部分油被水驱替出去，另一部分油形成了孤立的油滴残留在岩石孔隙空间中，当提高注入压力时，剩余的油滴继续和其他油滴聚合，当注入水通过时会沿着孔隙继续前进。

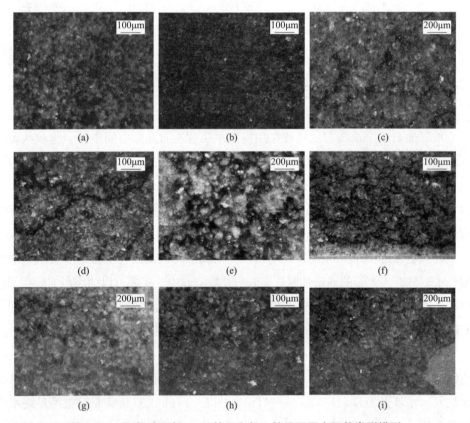

图 5 – 14　姬塬油田长 4 + 5 储层和长 6 储层不同水驱替类型模型

在本实验中观察到的水驱油类型是相对的，在驱替的不同时间段，驱替类型是可以相互转化的。随着驱替倍数的不断加大，驱替类型可以相互转化，如出现指状驱替向网状驱替再向均匀驱替的转化。同一个微观水驱油模型在同一时刻不同位置的水驱油类型不一样。

5.3.4　实验现象及结果分析

1. 估算水驱油效率

当水驱油实验结束后，可计算得到1PV、2PV和3PV下的残余油饱和度，统计结果见表5-5。

表5-5　不同驱替倍数下的残余油饱和度统计结果

样品编号	深度/m	原始含油饱和度/%	残余油饱和度/%		
			1PV	2PV	3PV
1	2175.97	63.39	44.96	34.19	31.04
2	2267.65	38.35	26.31	23.71	23.26
3	2026.23	47.90	32.79	30.32	26.43
4	2249.40	35.95	22.51	17.52	15.76
5	2235.24	65.44	37.87	33.00	30.01
6	1989.88	21.38	17.80	13.09	10.67
7	2260.22	23.18	15.45	13.15	12.65
8	2189.28	57.20	36.49	31.50	29.81
9	2227.60	58.30	36.13	34.81	33.12
10	2004.80	64.94	40.39	36.66	35.85
11	2175.97	60.69	39.00	35.93	33.43
12	2012.45	34.73	27.10	19.70	17.14

利用原始含油饱和度和残余油饱和度可计算出不同驱替倍数下的水驱油效率。根据水驱油效率的计算公式，可求解得到研究区不同驱替倍数下的水驱油效率，见表5-6。1PV水驱油效率的平均值为32.61%，2PV水驱油效率的平均值为43.06%，3PV水驱油效率的平均值为47.71%。

表5-6 不同驱替倍数下的水驱油效率计算结果

样品编号	深度/m	原始含油饱和度/%	水驱油效率/%		
			1PV	2PV	3PV
1	2175.97	64.42	29.07	46.06	51.03
2	2267.65	39.38	31.40	38.17	39.35
3	2026.23	48.93	31.54	36.70	44.82
4	2249.40	36.98	37.39	51.27	56.16
5	2235.24	66.47	42.13	49.57	54.14
6	1989.88	22.41	16.74	38.77	50.09
7	2260.22	24.21	33.35	43.27	45.43
8	2189.28	58.23	36.21	44.93	47.88
9	2227.60	59.33	38.03	40.29	43.19
10	2004.80	65.97	37.80	43.55	44.80
11	2175.97	61.72	35.74	40.80	44.92
12	2012.45	35.76	21.97	43.28	50.65

2. 水驱油效率的影响因素分析

影响水驱油效率的因素有很多,综合上述砂岩微观模型水驱油实验及观察分析结果,认为储层物性、微观非均质性、孔喉特征、驱替倍数和驱替压力等为影响水驱油效率的主要因素。

1)储层物性对水驱油效率的影响

姬塬油田T井区储层非均质性较强,孔喉结构复杂,储层物性和孔喉连通性差,可动流体饱和度小,水驱油效率整体较低。在水驱油实验中,油和水的渗流均较难进行,驱替过程较慢,储层流体的渗流阻力较大。在相同的实验条件下,模型的水驱油效率和物性的相关性不强。在1PV的驱替倍数下,水驱油效率与孔隙度的相关系数 R^2 为0.3577,水驱油效率与渗透率的相关系数 R^2 为0.4014[图5-15(a)];在2PV的驱替倍数下,水驱油效率与孔隙度的相关系数 R^2 为0.5617,水驱油效率与渗透率的相关系数 R^2 为0.7213[图5-15(b)];在3PV的驱替倍数下,水驱油效率与孔隙度的相关系数 R^2 为0.3275,水驱油效率与渗透率的相关系数 R^2 为0.4321[图5-15(c)]。综合看来,水驱油效率与渗透率的相关性要好于与孔隙度的相关性,渗透率更能体现储层岩石的渗流特性。对低渗透砂岩储层而言,由于微观孔隙和喉道较小,孔隙和喉道之间的连通性较差,水驱油时路径较窄，孔隙和喉道之间相互不连通，使孔喉配置关系及孔隙度与渗透率之间的关系较差，最终水驱油效率也较低。此外，储层物性较差，岩石比较致密，但孔喉分布比较均匀，注水时，水可均匀地进入岩石孔隙空间中，水驱油效率高。

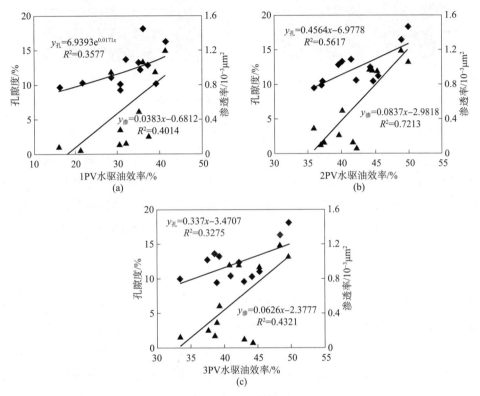

图 5 - 15　物性与水驱油效率相关性

2）微观非均质性对水驱油效率的影响

微观非均质性主要通过微观孔喉结构的非均质性来体现，微观孔喉结构对水驱油效率的影响较大。微观孔喉结构非均质性越强，高渗带和低渗带的差别越大，水驱油过程中，注入水将沿着渗透率较高的大孔隙和大喉道方向突进，孔喉连通性较差，孔喉较小的地方残余油富集，水驱油效率较低。如图 5 - 16 所示，由于 X114 井实验模型较致密，内部孔喉结构的非均质性强，储层物性较差，孔喉分布不均匀。在水驱油过程中，大量残余油未被水波及，导致最终水驱油效率较低。因此，储层非均质性是影响水驱油效率的主要原因之一。

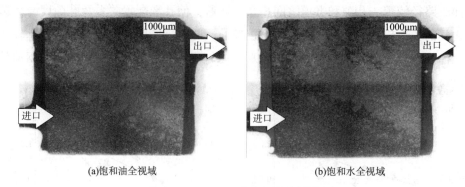

(a)饱和油全视域　　　　　　　　　　(b)饱和水全视域

图 5 - 16　X114 井水驱油全视域

3)孔喉特征对水驱油效率的影响

水驱油效率与孔隙半径、喉道半径关系密切,孔隙半径和喉道半径越大,流体在储集空间中的渗流能力越强,水波及的面积越大,水驱油效率越高。孔隙空间中残余油的形成主要与孔喉分布相关,其中水驱油效率与喉道半径的相关性最好。从水驱油效率与微观孔喉结构关系图中可以看出,水驱油效率与喉道半径的相关性较好,其相关系数 R^2 为 0.7618[图 5 - 17(b)],水驱油效率与孔隙半径呈正相关,相关性一般,相关系数 R^2 为 0.5233[图 5 - 17(a)]。孔喉特征还可通过孔喉半径比来表征,储层岩石空间内孔喉半径比越大,大喉道数量越少,小喉道数量越多,容易发生卡断现象,导致剩余油富集。孔喉半径比与水驱油效率关系如图 5 - 17(c)所示,两者之间呈负相关,相关性较差,相关系数 R^2 为 0.3106。孔喉半径比越大,孔喉连通性越差,渗流能力越弱,水驱油效率越低。从分选系数与水驱油效率关系图中可以看出,水驱油效率和分选系数呈负相关,随着分选系数的增大,孔喉分选性变差,水驱油效率降低,其相关系数 R^2 为0.4329[图 5 - 17(d)]。分选系数可表征岩石颗粒之间由于存在黏土矿物的充填、碳酸盐岩胶结及自生石英加大等现象,充填物将大孔隙切割成很多小孔隙,使孔喉的连通性变差,水驱油效率降低。

4)驱替倍数对水驱油效率的影响

姬塬油田 T 井区长 4 +5 储层和长 6 储层砂岩结构致密,导致水驱油过程中驱替速度缓慢。水驱油实验表明,水驱油效率随着驱替倍数的增大而增大,两者呈一定的正相关,当驱替倍数增大到一定程度时,水驱油效率变化不大。当水驱油驱替倍数为 1 ~2PV 时,水驱油效率随着驱替倍数的增大变化较为明显,水驱油效率明显上升;当水驱油驱替倍数为 3PV 时,水驱油效率上升速度变缓;当水

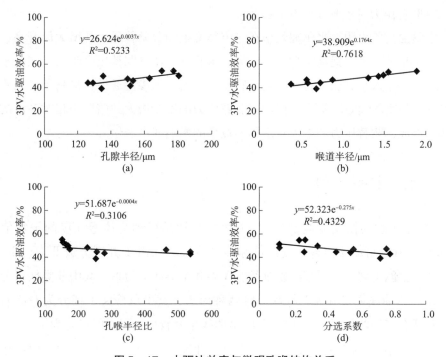

图5-17　水驱油效率与微观孔喉结构关系

驱油驱替倍数大于3PV时，水驱油效率变化不明显，如图5-18所示。在实际注水开发过程中，注入水体积倍数可能给水驱油效率带来两方面的影响：一方面，提高驱替倍数可增大注入水的波及面积，从而提高水驱油效率；另一方面，驱替倍数过大可降低可动流体饱和度，导致水驱油效率变低。因此，在实际注水开发过程中，确定合理注入水体积倍数对油藏的开发起着决定性的作用。

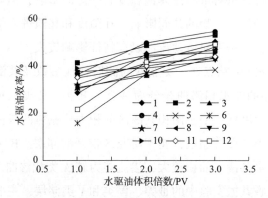

图5-18　水驱油驱替倍数与水驱油效率关系

5）驱替压力对水驱油效率的影响

水驱油实验表明，水驱油效率在一定程度上随着驱替压力的增大而升高，两者存在正相关关系，提高驱替压力可提高水驱油效率。驱替压力越大，注入水的流速越大，注入水克服了孔喉中的毛管压力，增加了渗流通道，提高了可动流体饱和度，使水驱油效率提高。但随着驱替压力的不断增大，储层中相对高渗的通道基本形成，驱替压力的增大对水驱油效率的影响变小。

5.4 本章小结

（1）由核磁共振实验测试得到 18 块岩心样品可动流体饱和度的平均值为 32.40%。利用可动流体饱和度评价标准可将姬塬油田 T 井区分成Ⅱ类、Ⅲ类、Ⅳ类和Ⅴ类四类储层，研究区以Ⅲ类、Ⅳ类和Ⅴ类储层为主，其中Ⅱ类储层分布较少。T_2 谱曲线主要分为单峰和双峰两种形态，其中双峰又可细分为左高右低峰和左低右高峰两种形态，研究区 T_2 谱曲线单峰较少，以双峰形态为主。

（2）影响可动流体赋存的因素主要包括孔隙度（$R^2 = 0.3934$）、渗透率（$R^2 = 0.6105$）、孔隙半径（$R^2 = 0.4261$）、喉道半径（$R^2 = 0.6646$）、有效孔隙体积（$R^2 = 0.3472$）、有效喉道体积（$R^2 = 0.6202$）、孔隙进汞饱和度（$R^2 = 0.4593$）、喉道进汞饱和度（$R^2 = 0.7259$）、孔喉半径比（$R^2 = 0.571$）、分选系数（$R^2 = 0.5364$）及黏土矿物含量（$R^2 = 0.2196$）等。黏土矿物的发育使孔喉之间的连通性变差，使储层中的可动流体减少，束缚流体增多，储层的可动流体饱和度减小。不同黏土矿物含量对可动流体饱和度有一定的影响，但影响程度较低，可动流体的赋存受多种黏土矿物的共同影响。孔隙度和孔隙进汞饱和度对可动流体饱和度的影响较小，渗透率对可动流体赋存特征影响较大。

（3）根据相渗曲线上端点处、交点处的储层特征参数及共渗区面积，可将研究区 15 块岩心样品的油水相渗曲线分为 A 类、B 类、C 类三种类型。A 类相渗曲线油水两相干扰程度低、油水两相共渗区面积大、流体的渗流能力强，对应核磁共振实验中的Ⅲ类和Ⅳ类储层，属于研究区较好的储层。B 类相渗曲线油水两相干扰程度低，油水共渗面积较大，渗流能力较 A 类相渗曲线对应的储层的渗流能力弱，对应核磁共振实验中的Ⅲ类、Ⅳ类和Ⅴ类储层，主要为Ⅲ类储层，是研究区普遍存在的储层。C 类相渗曲线油水两相共渗区范围变小，物性相对较差，处于束缚水状态时油相的渗透率最低，油水两相干扰程度高，流体的渗流能力较弱，不利于储层中油水两相的渗流，主要对应核磁共振实验中的Ⅳ类储层，不利于储层中油水两相的渗流，为研究区较差的储层。

（4）由微观砂岩模型水驱油实验可观察到均匀状、指状、网状及混合驱替状等多种水驱油类型。水驱替后，大量的残余油赋存于岩石孔隙空间中，残余油主要有以油膜形式赋存于孔隙壁上的残余油、注入水沿着高渗带方向突进的绕流残余油及少量处于喉道中间被卡断的残余油，其中一部分被水带走，另一部分残留在孔隙中。水驱油类型是相对的，在驱替的不同时间段，随着驱替倍数的不断加大，驱替类型可以相互转化，出现指状驱替向网状驱替再向均匀驱替类型的转化。同一个微观水驱油模型在同一时刻不同位置的水驱油类型不一样。

（5）影响水驱油效率的因素有很多，综合上述砂岩微观模型水驱油实验及观察分析结果，认为储层物性、微观非均质性、孔喉特征、驱替倍数和驱替压力等为影响水驱油效率的主要因素。在1PV的驱替倍数下，水驱油效率与孔隙度的相关系数 R^2 为0.3577，水驱油效率与渗透率的相关系数 R^2 为0.4014；在2PV的驱替倍数下，水驱油效率与孔隙度的相关系数 R^2 为0.5617，水驱油效率与渗透率的相关系数 R^2 为0.7213；在3PV的驱替倍数下，水驱油效率与孔隙度的相关系数 R^2 为0.3275，水驱油效率与渗透率的相关系数 R^2 为0.4321。水驱油效率与渗透率的相关性要好于与孔隙度的相关性，渗透率能更直观地体现储层岩石的渗流特性。水驱油效率与喉道半径的相关性较好，其相关系数 R^2 为0.7618，水驱油效率与孔隙半径呈正相关，相关性一般，其相关系数 R^2 为0.5233。孔喉半径比与水驱油效率相关性较差，其相关系数 R^2 为0.3106。水驱油效率和分选系数呈负相关，随着分选系数的增大，孔喉分选性变差，水驱油效率降低，其相关系数 R^2 为0.4329。

第6章　储层特征及生产动态分析

在微观孔喉结构及油水运动规律研究的基础上，结合生产动态特征对储层进行进一步研究，为研究区开发方案的调整和完善奠定基础。流动单元是岩性和岩石物理性质相似的、侧向和垂向上连续的一类储集岩体。对流动单元的研究是对储层渗流特征研究的延伸，为研究剩余油提供一个更接近于实际的渗流模型。本章将对流动单元的研究和生产动态特征相结合，更准确地反映储层的非均质性，同时参考储层微观孔喉结构与剩余油分布规律，为改善储层的开发效果、提高原油采收率提供依据。

6.1　生产动态特征分析

生产动态特征分析包括对研究区油井的试油试采、生产现状及油井产能分布进行分析。具体参数涉及单井日产油量、单井日产液量、综合含水率、月产油量、月产液量及累计产油量等。

6.1.1　试油及试采特征

姬塬油田 T 井区从 2003 年 12 月开始投产，截至 2018 年 9 月底，开发年限长达 14 年 9 个月，完钻开发油井数为 121 口，工区面积为 39.7km²，动用含油面积为 9.53km²。试油结果显示，长 6 储层平均日产油量为 2.14m³，长 4+5 储层平均日产油量为 1.85m³，长 6 储层的试油效果较长 4+5 储层的试油效果好（表 6−1）。

取 2014 年 9 月至 2018 年 9 月的生产动态数据进行分析发现，前 2 年油井开井数量较多，产量保持稳定，随着开采时间的延长，油井产量稳定了一段时间后逐渐缓慢下降，初期含水率变化处于波动状态。截至 2018 年 9 月，单井月产液量为 64.13m³、单井月产油量为 33.72m³、含水率为 53.38%（表 6−2）。

表6-1 姬塬油田T井区长4+5储层和长6储层试油数据

井名	层位	射孔井段/m	施工日期	日产油量/m³	日产水量/m³
X200	长6	2200.0~2206.0	2016-9-7	5.36	9.7
Y93-72	长4+5	2142.0~2148.0	2013-9-10	1.1	9.0
Y92-72	长4+5	2074.0~2080.0	2013-9-3	0.8	10.0
Y83-83	长4+5	2099.5~2104.5	2008-11-4	3.7	4.0
Y82-83	长4+5	1972.0~1977.0	2008-11-13	2.7	3.9
Y81-83	长4+5	2076.0~2082.0	2008-11-27	2.3	5.1
Y78-87	长4+5	2027.0~2032.0	2008-6-15	0	18.3
Y73-94	长4+5	2113.0~2118.0	2008-5-11	4.6	0
Y56-103	长6	2246.0~2251.0	2014-8-14	0	12.2
	长4+5	2134.0~2139.0	2014-10-8	2.0	4.8
Y229-57	长6	2234.0~2240.0	2015-8-30	0	11.5
Y229-53	长6	2122.0~2126.0	2014-11-8	6.2	0
Y227-58	长6	2266.0~2272.0	2017-5-9	2.5	0
Y225-56	长6	2146.0~2154.0	2014-11-28	6.0	0
Y219-52	长6	2152.0~2158.0	2015-6-10	0	17.1
	长6	2158.0~2160.0	2015-6-25	0.9	0.15
X24-104	长6	2084.0~2089.0	2010-7-13	2.5	0
X244-211	长6	2252.0~2256.0	2015-6-24	1.6	3.9
	长4+5	2122.0~2126.0	2015-7-3	0.6	4.8
X25-105	长4+5	1959.0~1963.0	2013-6-19	1.2	7.1
X273-218	长6	2142.0~2147.0	2010-11-9	0.6	2.3
X276-204	长6	2056.0~2060.0	2011-3-28	0	19.8
	长4+5	1984.0~1990.0	2011-4-7	0	18.9
X28-113	长6	2168.0~2174.0	2016-7-14	0	25.8
	长6	2154.0~2158.0	2016-7-23	4.8	2.2
X46-111	长4+5	2112.0~2118.0	2013-8-22	0	17.4
X50-96	长4+5	2071.0~2078.0	2012-4-5	6.3	0
X50-99	长4+5	1994.0~2000.0	2012-4-10	3.1	11.8
X51-108	长4+5	2102.0~2108.0	2013-8-3	1.0	16.0
X51-90	长4+5	2090.0~2096.0	2012-5-18	0	16.8

续表

井名	层位	射孔井段/m	施工日期	日产油量/m³	日产水量/m³
X51 – 92	长 4 + 5	1899. 0 ~ 1904. 0	2011 – 11 – 28	0	13. 6
X52 – 103	长 4 + 5	2104. 0 ~ 2110. 0	2012 – 3 – 17	4. 6	0. 0
X52 – 105	长 6	1914. 0 ~ 1920. 0	2008 – 10 – 20	0	10. 5
X53 – 104	长 4 + 5	1871. 0 ~ 1877. 0	2008 – 10 – 13	油花	11. 8
X53 – 104	长 6	1919. 5 ~ 1924. 5	2008 – 10 – 14	6. 3	0
X53 – 94	长 4 + 5	2013. 0 ~ 2021. 0	2007 – 3 – 30	5. 3	9. 3
X54 – 98	长 4 + 5	2040. 0 ~ 2046. 0	2011 – 6 – 1	0. 7	8. 0
X55 – 103	长 6	2050. 0 ~ 2055. 0	2009 – 4 – 8	4. 5	0
X55 – 104	长 6	1974. 0 ~ 1980. 0	2009 – 4 – 3	2. 1	0
X55 – 95	长 4 + 5	1963. 0 ~ 1969. 0	2013 – 9 – 16	1. 5	7. 9
X56 – 102	长 6	1977. 0 ~ 1983. 0	2011 – 9 – 14	3. 7	0
X57 – 93	长 6	1970. 0 ~ 1976. 0	2011 – 6 – 6	2. 5	2. 0
X58 – 102	长 6	2048. 0 ~ 2054. 0	2009 – 5 – 4	3. 2	0
X58 – 106	长 6	1988. 0 ~ 1994. 0	2009 – 3 – 31	1. 7	0
X58 – 93	长 4 + 5	1944. 0 ~ 1950. 0	2011 – 6 – 20	4. 1	0
X58 – 97	长 4 + 5	2026. 0 ~ 2031. 0	2010 – 5 – 13	4. 5	0
X59 – 95	长 4 + 5	2019. 0 ~ 2025. 0	2011 – 11 – 23	2. 7	0
X61 – 55	长 4 + 5	2104. 0 ~ 2110. 0	2012 – 8 – 27	0. 4	3. 8
X61 – 57	长 4 + 5	2134. 0 ~ 2140. 0	2012 – 9 – 28	0. 8	7. 9
X63 – 56	长 4 + 5	2061. 0 ~ 2067. 0	2012 – 10 – 4	0. 3	5. 9
X64 – 54	长 4 + 5	2070. 0 ~ 2076. 0	2012 – 10 – 5	3. 5	6. 1
X64 – 84	长 4 + 5	1900. 0 ~ 1906. 0	2013 – 9 – 12	0	0
X65 – 55	长 4 + 5	1898. 0 ~ 1964. 0	2012 – 6 – 17	2. 3	5. 2
X67 – 52	长 6	2090. 0 ~ 2098. 0	2012 – 6 – 22	0	21. 6
X67 – 52	长 4 + 5	1930. 0 ~ 1936. 0	2012 – 7 – 11	0. 7	9. 5
X67 – 81	长 6	1937. 0 ~ 1942. 0	2015 – 6 – 28	2. 2	16. 5
X67 – 85	长 6	2036. 0 ~ 2042. 0	2013 – 6 – 5	0	0
X68 – 83	长 6	2056. 0 ~ 2062. 0	2010 – 3 – 26	3. 1	2. 5
X70 – 82	长 6	1967. 0 ~ 1971. 0	2015 – 4 – 27	0	18. 2
X72 – 45	长 4 + 5	2111. 0 ~ 2117. 0	2012 – 6 – 21	0	15. 7

续表

井名	层位	射孔井段/m	施工日期	日产油量/m³	日产水量/m³
X72 – 77	长6	1997.0 ~ 2003.0	2010 – 5 – 23	0.3	9.1
	长4 + 5	1940.0 ~ 1946.0	2010 – 6 – 1	1.2	7.2
X74 – 80	长6	1951.0 ~ 1957.0	2013 – 10 – 12	4.2	0
X76 – 76	长6	1971.0 ~ 1976.0	2010 – 5 – 24	0	14.4
		1986.0 ~ 1990.0	2010 – 5 – 31	1.2	4.5
Y2	长4 + 5	1962.0 ~ 1968.0	2008 – 4 – 4	1.6	5.2
Y8	长4 + 5	1994.0 ~ 2000.0	2008 – 4 – 21	1.1	5.1

表6 – 2 姬塬油田T井区长4 +5储层和长6储层5年生产动态数据

时间	总井数/口	开井数/口	单井月产液量/m³	单井月产油量/m³	含水率/%
2014 – 9	107	92	69.30	35.77	52.55
2014 – 10	108	92	71.10	37.26	51.04
2014 – 11	108	93	70.13	36.83	50.55
2014 – 12	113	96	70.07	37.45	50.45
2015 – 1	113	97	70.22	36.70	54.03
2015 – 2	113	97	69.15	35.14	52.14
2015 – 3	113	96	72.90	35.37	51.61
2015 – 4	113	95	68.36	35.82	51.37
2015 – 5	114	96	66.76	35.48	51.58
2015 – 6	115	97	68.60	36.24	51.24
2015 – 7	119	102	73.45	37.86	52.19
2015 – 8	119	103	72.45	36.27	50.91
2015 – 9	122	104	75.55	35.91	53.27
2015 – 10	123	105	73.95	35.55	50.93
2015 – 11	123	105	71.48	32.44	51.46
2015 – 12	123	104	72.35	32.62	52.07
2016 – 1	123	100	72.81	33.36	52.37
2016 – 2	123	99	72.87	32.47	53.93
2016 – 3	112	96	73.65	34.76	54.64
2016 – 4	112	94	75.81	33.87	54.29
2016 – 5	113	95	76.64	34.31	54.60

续表

时间	总井数/口	开井数/口	单井月产液量/m³	单井月产油量/m³	含水率/%
2016－6	113	95	76.28	35.50	52.65
2016－7	120	97	73.71	34.14	50.75
2016－8	115	97	73.62	33.57	51.82
2016－9	121	96	72.60	33.24	50.44
2016－10	121	95	76.32	33.36	49.85
2016－11	121	95	72.40	33.02	49.83
2016－12	122	96	71.22	32.53	50.31
2017－1	122	96	69.82	32.17	49.97
2017－2	122	96	70.36	32.64	49.84
2017－3	120	96	69.42	32.67	49.76
2017－4	120	97	70.36	33.83	49.84
2017－5	120	100	71.04	31.64	51.79
2017－6	121	102	75.18	32.40	52.82
2017－7	122	101	70.57	31.80	53.02
2017－8	122	99	68.05	30.92	53.48
2017－9	122	100	65.86	31.39	53.64
2017－10	122	98	66.26	29.95	53.01
2017－11	122	96	63.85	30.87	51.24
2017－12	122	89	69.84	33.20	49.26
2018－1	121	86	70.01	33.19	53.03
2018－2	121	83	68.63	37.49	48.41
2018－3	121	79	69.62	35.02	48.34
2018－4	122	81	67.98	34.48	47.42
2018－5	122	83	69.02	34.94	48.58
2018－6	122	84	64.67	33.74	50.31
2018－7	122	85	63.58	33.84	50.20
2018－8	122	84	64.16	33.91	50.59
2018－9	121	83	64.13	33.72	53.38

通过分析姬塬油田 T 井区长 4＋5 储层和长 6 储层的单井月产液量和单井月产油量曲线,初期油井的单井月产油量和单井月产液量处于起伏不定的状态,直

到2010年5月才相对趋于稳定，以每天35m³的产油量和70m³的产液量保持相对稳定生产。随着生产年限的延长，单井月产油量和单井月产液量有缓慢下降趋势，2018年9月T井区的单井月产油量达33.72m³，单井月产液量达64.13m³（图6-1）。

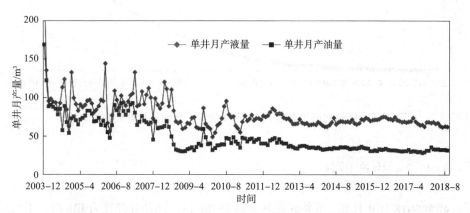

图6-1 姬塬油田T井区长4+5储层和长6储层单井月产油量和单井月产液量曲线

T井区长4+5储层和长6储层月产油量曲线表明，初期月产油量保持平稳和缓慢上升状态，2010年月产油量上升幅度较大。2015年7月，月产油量达到最达，为3862m³，之后月产油量缓慢下降，至2018年9月T井区的月产油量达2799m³（图6-2）。

图6-2 姬塬油田T井区长4+5储层和长6储层月产油量曲线

T井区长4+5储层和长6储层累计产油量曲线表明，在生产时间较长的83口生产井中，累计产油量保持逐渐上升趋势。截至2018年9月，T井区累计生产了30.93×10⁴m³的原油（图6-3）。

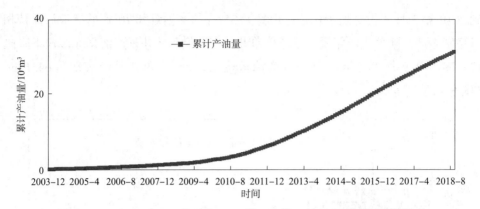

图6-3　姬塬油田T井区长4+5储层和长6储层累计产油量曲线

6.1.2　生产现状

截至2018年9月底，T井区总开井数为281口，油井开井数为121口，平均动液面为1379m，平均日产油量为97.9m³，平均日产液量为111m³。目前，采出程度为7.23%，采油速度为0.299%，综合含水率为53.4%。从2003年12月投产以来，动液面起伏不定，开井数不断增多，后期保持稳定，油井整体日产油量和日产液量逐渐升高，单井日产液量和单井日产油量逐渐降低，综合含水率逐渐升高（图6-4）。

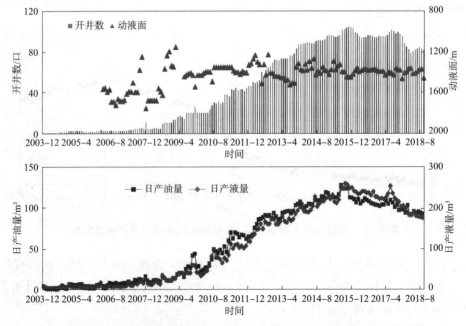

图6-4　姬塬油田T井区长4+5储层和长6储层综合开采曲线

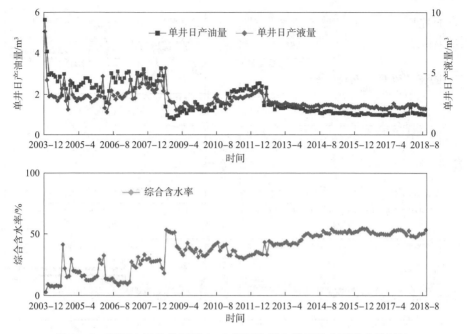

图6-4　姬塬油田T井区长4+5储层和长6储层综合开采曲线(续)

6.1.3　油井产能分布及变化

根据姬塬油田T井区采油井的生产曲线分布特征,可将采油井分为I类、II类、III类、IV类四种类型。I类井为产量最高的井,该类井投产初期含水率较低,随着开采年限的增加,产油量不断增加;截至2018年9月,I类井的采油量处于不断上升阶段。II类井的产油量比I类井的产油量低,该类井投产初期含水率低,产油量先上升再保持稳定;截至2018年9月,II类井的采油量大部分处于稳定阶段,还有一些采油井的产量处于略微上升阶段。III类井的生产效益比I类井和II类井的生产效益差,该类井投产初期含水率较低,但随着投产年限的增加,含水率上升较快;截至2018年9月,采油量下降、含水率上升。IV类井为低产低效井,该类井在投产初期含水率较高,随着开采年限的增加,油井含水率高甚至被迫关井;截至2018年9月,IV类井含水率仍高且采出少量油或者不见油。

由I类井中X55-104井、X56-102井、X50-96井、X51-96井、X55-97井、X59-95井、X61-57井、X58-92井、X285-206井、Y82-81井的生产特征曲线发现,该类井初期含水率较低,随着生产年限的增加,含水率略微上升;目前,日产油量还处于上升阶段,油井产油量较大,开发效益高(图6-5)。

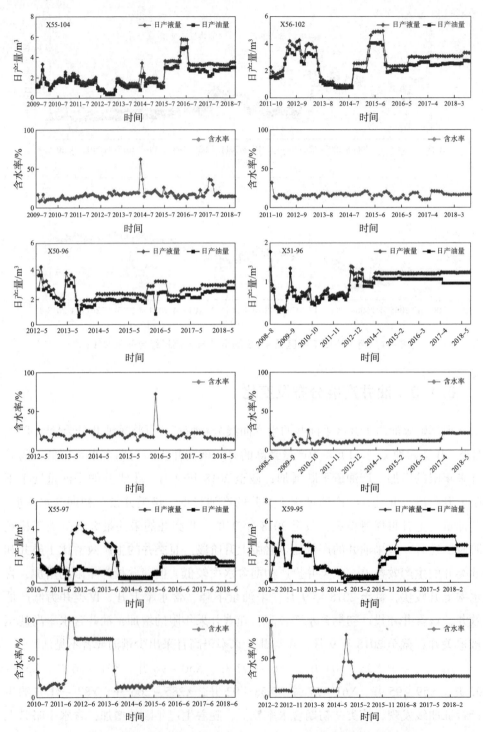

图6-5 姬塬油田T井区长4+5储层和长6储层Ⅰ类井生产特征曲线

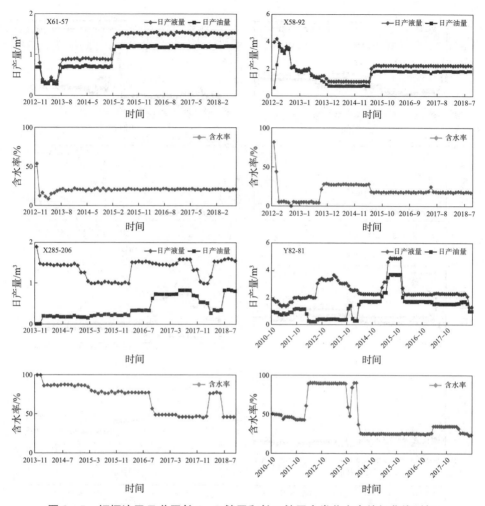

图6-5 姬塬油田 T 井区长 4+5 储层和长 6 储层Ⅰ类井生产特征曲线(续)

由Ⅱ类井中 Y82-83 井、X50-97 井、X46-111 井、Y81-102 井、Y79-106 井、Y61-100 井、Y83-83 井、Y95-97 井、Y225-50 井、Y227-58 井的生产特征曲线发现,该类井初期含水率低,随着生产年限的增加,整体含水率出现略微上升的趋势,部分井的含水率有下降趋势;目前,还处于稳产或产量略微上升阶段,油井产油量相对较大,开发效益较高(图6-6)。

由Ⅲ类油井中 Y100-95 井、Y56-103 井、Y81-83 井、Y93-72 井、Y100-93 井、X45-103 井、X52-104 井、X57-93 井、X33-101-1 井、Y92-72井的生产特征曲线发现,该类井初期含水率低,随着生产年限的增加,整体含水率有明显的上升趋势,部分井的含水率达50%以上;截至2018年9月,仍处于减产阶段,产油量变小,开发效益变低(图6-7)。

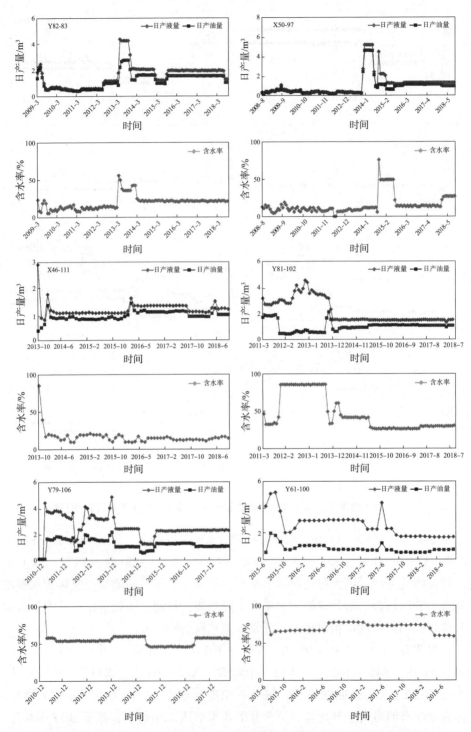

图 6-6 姬塬油田 T 井区长 4+5 储层和长 6 储层 II 类井生产特征曲线

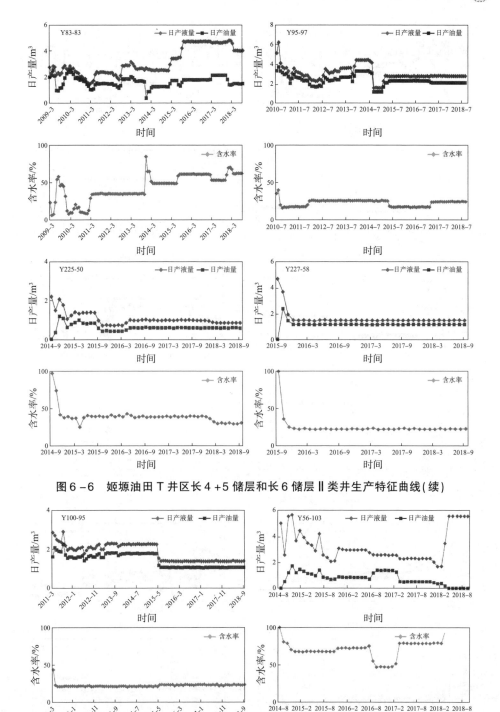

图6-6　姬塬油田T井区长4+5储层和长6储层Ⅱ类井生产特征曲线(续)

图6-7　姬塬油田T井区长4+5储层和长6储层Ⅲ类井生产特征曲线

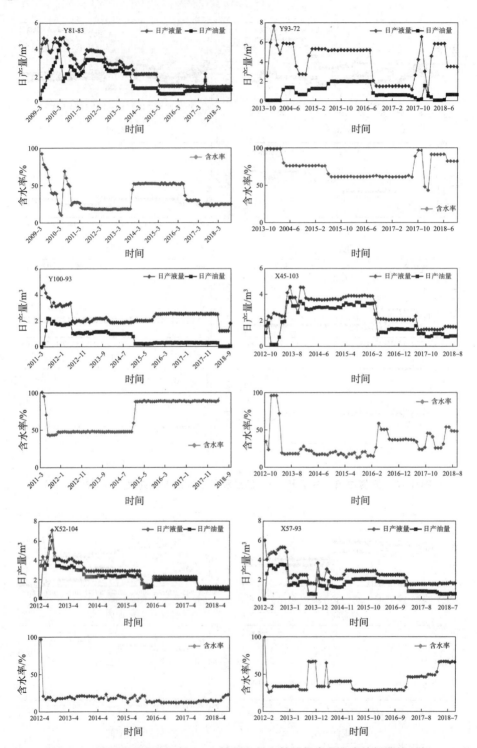

图6-7 姬塬油田T井区长4+5储层和长6储层Ⅲ类井生产特征曲线(续)

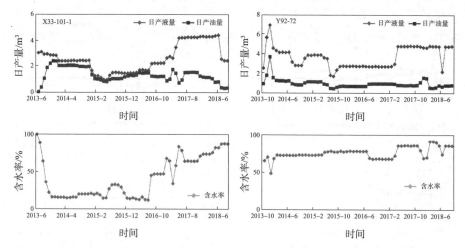

图6-7 姬塬油田T井区长4+5储层和长6储层Ⅲ类井生产特征曲线(续)

Ⅳ类井为含水率高且采出少量油或者不见油，由Ⅳ类井中Y99-101井、Y101-92井、X52-96井、X58-93井、X60-91井、X60-95井、X22-103井、X24-61井、X76-76井、X64-58井的生产特征曲线发现，该类井初期含水率高，随着生产年限的增加，整体含水率一直保持在高位，大部分井由于水淹被迫关井；截至2018年9月，大部分井属于高含水井，产量很低或者几乎不见油，开发效益低(图6-8)。

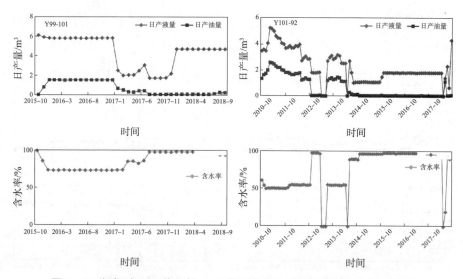

图6-8 姬塬油田T井区长4+5储层和长6储层Ⅳ类井生产特征曲线

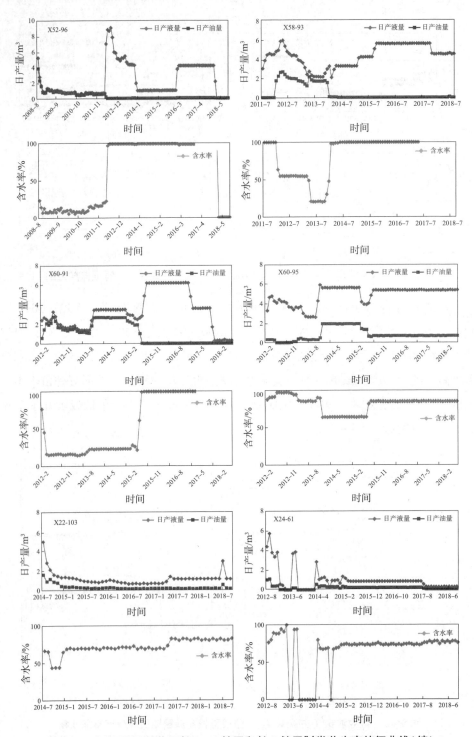

图 6−8　姬塬油田 T 井区长 4+5 储层和长 6 储层Ⅳ类井生产特征曲线(续)

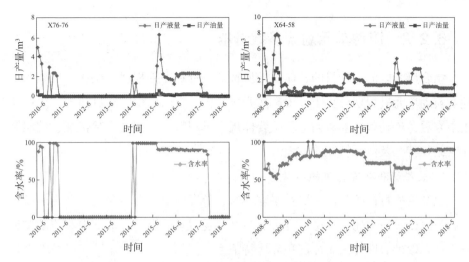

图6-8　姬塬油田 T 井区长4+5 储层和长6 储层Ⅳ类井生产特征曲线(续)

6.2　储层流动单元研究

流动单元的概念最早由国外学者 Hearn 提出。Hearn 将其定义为岩性和岩石物理性质相似的、侧向和垂向上连续的一类储集岩体。流动单元一方面反映了油藏内部流体流动的地质特征，另一方面反映了不同类型储层的岩性和岩石物理性质的变化差异。不同类型的流动单元储集砂体形态及岩石物理性质不同。对储层流动单元进行划分可以有效地反映出储层的非均质性，为确定剩余油的分布和井网部署提供可靠依据。对储层流动单元的研究和划分是未来油藏精细描述的关键，近几年来已发展成为油气储层表征和评价的主要技术手段之一。

6.2.1　流动单元划分方法

对流动单元进行划分应考虑多种影响因素，如微观孔喉结构特征、沉积相、隔夹层及成岩作用等。目前，划分流动单元主要将数学方法和计算机技术相结合，常见的方法有流动带指数划分法、岩性－物性划分法及多重参数聚类分析法。不同的流动单元划分法具有不同的优点和缺点，主要根据不同地区地质录井和测井资料的丰富程度及研究流动单元的目的性选取。本书选取多重参数聚类分析法，该方法应用的数据资料较丰富、代表性强，可根据完整的资料确定参与聚类的参数，对所选的参数进行聚类分析，认定所有的样品点聚合为同一类时关系最为密切，最终将所有样品聚为同一种类型。该方法克服了其他方法的弊端，在资料比较齐全时属于最完善的划分方法。

6.2.2　流动单元划分参数选取

结合研究区的生产目的、储层地质特征及资料完善程度，全面、准确和适当地对流动单元进行划分，为油田高效开发提供一定的依据。从目前国内外的研究成果来看，流动单元参数的选取主要体现在沉积特征、储层宏观特征、储层微观孔喉结构特征及流体特征等方面。

1. 表征沉积环境特征的参数

表征沉积特征的参数主要有层理构造、粒度中值、泥质含量、砂岩厚度、砂岩有效厚度、净毛比、夹层厚度等。为避免受权重的影响，本书中对流动单元划分主要选取砂岩厚度来表征沉积环境特征。

2. 表征储层特征的参数

渗透率和孔隙度是反映储层宏观特征的主要参数，在描述流体流动特征时，这两个参数尤其重要，渗透率和孔隙度分别表征了流体在岩石孔隙空间中的渗流和储集能力。

3. 表征储层微观孔喉结构特征的参数

表征储层微观孔喉结构特征的参数主要有孔隙半径、喉道半径及流动带指数等，其中流动带指数能全面兼顾地下流体的相关特征，为本书流动单元划分的主要参数之一。

4. 表征流体性质的参数

含油饱和度、原油黏度、原油密度及体积系数等都是反映流体性质的参数，由于含油饱和度不仅可以反映流体的特性，还可以反映岩石饱含流体后的性质，因此主要选取含油饱和度来表征流体性质。

由于对流动单元进行研究采用的是一种多参数分析法，因此参数的选取尤为重要。笔者根据研究区储层特征及资料的情况，选取砂岩厚度（H）、孔隙度（φ）、渗透率（K）、含油饱和度（S_o）及流动带指数（FZI）五个具有代表性的参数进行流动单元划分。

6.2.3　流动单元划分

采用聚类法和判别分析法，借助 SPSS 统计分析软件进行流动单元划分，再用判别分析法验证由聚类分析法得出的结果是否合理。

1. 聚类分析法

聚类分析法是研究样品分类的一种多元统计方法，它将样品按照性质相似和亲疏关系程度聚合为一种类型。在聚类分析中，根据对象的不同又可分为对样本和对研究变量的分类，其中对样本的分类为 Q 型聚类，对研究变量的分类为 R 型聚类。本书对流动单元的划分主要是根据研究样品中五种参数的变量值，采取对样本的分类方法，即 Q 型聚类分析法。

利用 SPSS 统计分析软件，采用 Q 型聚类分析法，对研究区长 4 +5 储层 92 口井和长 6 储层 119 口井进行流动单元划分，以 H、φ、K、S_o 及 FZI 五个参数值为样本，将研究区划分为 E、G、M、P 四种不同类型的流动单元（图 6 - 9、图 6 - 10）。四种不同类型流动单元的渗流能力和储集能力依次变差，E 类流动单元的储层物性最好，G 类流动单元的储层物性较好，M 类流动单元的储层物性一般，P 类流动单元的储层物性差。由流动单元划分区间可以看出，四种不同类型的流动单元样品点分布较集中，未出现明显的交叉现象，说明研究区流动单元的划分结果较为合理。

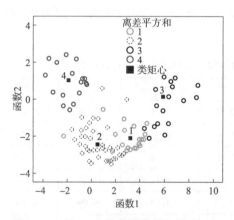

图 6 - 9　长 4 +5 储层流动单元划分区间　　图 6 - 10　长 6 储层流动单元划分区间

E 类流动单元的储层物性最好，砂岩厚度、孔隙度和渗透率最高，储层岩石空间中的孔隙和喉道发育较好，含油饱和度较高，流体的渗流能力最强；G 类流动单元的储层物性较好，砂岩厚度、孔隙度和渗透率较高，孔喉较发育，渗流能力较好；M 类流动单元的储层物性一般，砂岩厚度、孔隙度和渗透率较低，孔喉半径较小，含油饱和度较小，流体的渗流能力一般；P 类流动单元储层物性最差，砂岩厚度、孔隙度和渗透率最低，含油饱和度最小，孔隙和喉道半径小，流体的渗流能力最差。

E 类流动单元代表的储层属于很好的储层。其中，长 4 + 5 储层、长 6 储层砂岩厚度平均值分别为 8.32m、9.95m；孔隙度平均值分别为 12.19%、13.02%；渗透率平均值分别为 $1.11 \times 10^{-3} \mu m^2$、$1.04 \times 10^{-3} \mu m^2$；含油饱和度平均值分别为 37.35%、39.09%；流动带指数平均值分别为 0.533、0.694。G 类流动单元代表的储层属于好的储层。其中，长 4 + 5 储层、长 6 储层砂岩厚度平均值分别为 7.16m、8.82m；孔隙度平均值分别为 9.08%、10.26%；渗透率平均值分别为 $0.34 \times 10^{-3} \mu m^2$、$0.62 \times 10^{-3} \mu m^2$；含油饱和度平均值分别为 30.19%、31.03%；流动带指数平均值分别为 0.319、0.613。M 类流动单元代表的储层属于一般储层。其中，长 4 + 5 储层、长 6 储层砂岩厚度平均值分别为 5.39m、6.93m；孔隙度平均值分别为 7.36%、6.14%；渗透率平均值分别为 $0.18 \times 10^{-3} \mu m^2$、$0.45 \times 10^{-3} \mu m^2$；含油饱和度平均值分别为 24.37%、24.19%；流动带指数平均值分别为 0.206、0.404。P 类流动单元代表的储层属于较差储层。其中，长 4 + 5 储层、长 6 储层砂岩厚度平均值分别为 2.24m、1.04m；孔隙度平均值分别为 2.23%、0.60%；渗透率平均值分别为 $0.12 \times 10^{-3} \mu m^2$、$0.39 \times 10^{-3} \mu m^2$；含油饱和度平均值分别为 15.22%、18.67%；流动带指数平均值分别为 0.194、0.219（表 6 - 3）。

表 6 - 3　姬塬油田 T 井区长 4 + 5 储层和长 6 储层流动单元各参数统计

层位	流动单元分类	H/m	$\varphi/\%$	$K/10^{-3}\mu m^2$	$S_o/\%$	FZI
长 4 + 5	E 类	8.32	12.19	1.11	37.35	0.533
	G 类	7.16	9.08	0.34	30.19	0.319
	M 类	5.39	7.36	0.18	24.37	0.206
	P 类	2.24	2.23	0.12	15.22	0.194
长 6	E 类	9.95	13.02	1.04	39.09	0.694
	G 类	8.82	10.26	0.62	31.03	0.613
	M 类	6.93	6.14	0.45	24.19	0.404
	P 类	1.04	0.60	0.39	18.67	0.219

2. 判别分析法

判别分析法可用来验证聚类分析结果的合理性，是一种有效的验证方法。判别分析法是根据自变量，建立和自变量相关的线性判别函数式，该方法和聚类分析法的区别在于判别分析的组别特征已知。本书选取长 6 储层进行判别分析，由 SPSS 统计分析软件输出的 Fisher 判别函数系数（表 6 - 4），可得出姬塬油田 T 井区长6储层E类、G类、M类和P类四类流动单元的判别公式：

$$E = H \times 0.871 + \varphi \times 1.763 - K \times 1.401 + S_o \times 4.828 + FZI \times 26.733 - 18.130$$

$$G = H \times 0.637 + \varphi \times 1.538 - K \times 1.545 + S_o \times 3.390 + FZI \times 22.449 - 62.647$$

$$M = H \times 0.243 + \varphi \times 0.977 - K \times 1.721 + S_o \times 2.588 + FZI \times 21.529 - 36.375$$

$$P = H \times 0.199 + \varphi \times 1.046 - K \times 2.142 + S_o \times 1.557 + FZI \times 16.294 - 115.781$$

判别结果表明，长6储层流动单元的判别精度较高，达88.29%以上，判别结果符合要求(表6-5)。

表6-4　姬塬油田T井区长4+5储层和长6储层流动单元Fisher判别函数系数

流动单元	E类	G类	M类	P类
砂岩厚度/m	0.871	0.637	0.243	0.199
孔隙度/%	1.763	1.538	0.977	1.046
渗透率/$10^{-3}\mu m^2$	-1.401	-1.545	-1.721	-2.142
含油饱和度/%	4.828	3.390	2.588	1.557
流动带指数	26.733	22.449	21.529	16.294
常数项	-18.130	-62.647	-36.375	-115.781

表6-5　姬塬油田T井区长4+5储层和长6储层流动单元判别分析结果统计

判别参数		不同流动单元类型				总井数/口
		E类	G类	M类	P类	
结果分析	E	29	0	2	0	31
	G	1	43	1	0	45
	M	1	3	26	2	32
	P	0	0	0	11	11
判别百分数/%	E	93.55	0.00	6.45	0.00	100.00
	G	2.22	95.56	2.22	0.00	100.00
	M	3.12	9.38	81.25	6.25	100.00
	P	0.00	0.00	0.00	100.00	100.00

6.3　生产动态响应特征

针对研究区不同类型流动单元的特征参数，利用岩石学特征、微观孔喉结构特征及渗流特征等，能较好地反映储层的储集能力、渗流能力和微观孔喉的几何分布特征。同时，结合生产动态特征，能更直接、更客观地表征储层的各项特征。以下分别从 T 井区长 4 +5 储层、长 6 储层 E 类、G 类、M 类、P 类四类流动单元中选取有代表性样品，从岩石学特征、微观孔喉结构特征、渗流特征及生产动态特征四个方面进行对比分析。

1. 长 4 +5 储层

E_{4+5} 类流动单元是长 4 +5 储层中物性最好、含油饱和度最高的一类流动单元。该类流动单元以粒间孔为主，其次为溶孔 – 粒间孔，如图 6 – 11（c）所示，为长石溶孔及充填孔隙的高岭石。E_{4+5} 类流动单元样品孔喉结构发育最好，储集能力和渗流能力最强，主要渗流通道的孔喉半径在 0.118 ~ 1.534μm，最大喉道进汞饱和度为 27.06%，最大孔隙进汞饱和度为 46.12%，最大总进汞饱和度增量为 10.25%，最大喉道进汞饱和度增量为 2.36%，最大孔隙进汞饱和度增量为 9.83%，对应高压压汞实验的 I 类毛管压力曲线和恒速压汞实验的好类孔喉结构 [图 6 – 11（a）]。E_{4+5} 类流动单元样品的可动流体饱和度为 46.55%，束缚水饱和度为 53.45%，可动流体饱和度与其他三类的可动流体饱和度相比最大，为核磁共振实验中的 II 类储层 [图 6 – 11（b）]。E_{4+5} 类流动单元的样品油水两相干扰较小，油水共渗区范围最大，属于油水相渗实验的 A 类、C 类相渗曲线；水驱油效率高，驱替类型多为指状驱替。

从生产动态响应特征可以看出，E_{4+5} 类流动单元表现为 I 类井的生产特征，前期动液面处于波动状态，后期随着地层能量的下降呈下降趋势；日产油量和日产液量随着生产年限的增加，呈上升趋势，综合含水率下降。研究表明，E_{4+5} 类流动单元储层的开发效益较高，有利于继续开采 [图 6 – 11（d）]。

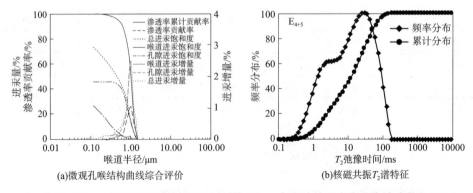

图 6 –11　姬塬油田 T 井区长 4 +5 储层 E_{4+5} 类流动单元生产动态响应特征

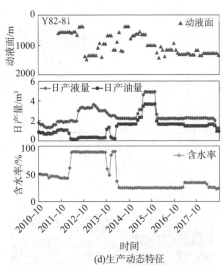

(c)长石溶孔及充填孔隙的高岭石　　　　　　(d)生产动态特征

图6-11　姬塬油田 T 井区长 4 +5 储层 E$_{4+5}$类流动单元生产动态响应特征(续)

G$_{4+5}$类流动单元的物性较好，含油饱和度中等。该类流动单元主要发育粒间孔，其次为溶孔-粒间孔和少量的微孔，如图6-12(c)所示，粒间孔发育。G$_{4+5}$类流动单元样品的微观孔喉结构较好，孔隙半径和喉道半径较大，储集能力和渗流能力一般，主要渗流通道的孔喉半径在0.119~37.800μm，最大喉道进汞饱和度为32.99%，最大孔隙进汞饱和度为24.88%，最大总进汞饱和度增量为1.64%，其中最大喉道进汞饱和度增量为0.22%，最大孔隙进汞饱和度增量为1.52%，对应高压压汞实验的Ⅱ类毛管压力曲线和恒速压汞实验的中类孔喉结构[图6-12(a)]。束缚水饱和度中等，可动流体饱和度为40.12%，束缚水饱和度为59.88%，为核磁共振实验中的Ⅲ类储层[图6-12(b)]。G$_{4+5}$类流动单元的样品两相共渗区范围较大，等渗点较高，油水两相干扰作用比 E$_{4+5}$类流动单元的干扰作用大，属于油水相渗实验的 B 类相渗曲线；随着驱替倍数的增加，水驱油效率提高较为明显，驱替类型多为网状驱替和指状驱替。

从生产动态响应特征可以看出，G$_{4+5}$类流动单元表现为Ⅱ类井的生产特征，生产前期动液面保持稳定，随着生产年限的增加，地层能量下降，使动液面呈下降且不稳定趋势，油井的日产油量和日产液量呈略微上升或稳产趋势，油藏综合含水率下降。研究表明，该类流动单元储层的开发效益较高，对油田开采较为有利，属于生产中最具有优势的储层[图6-12(d)]。

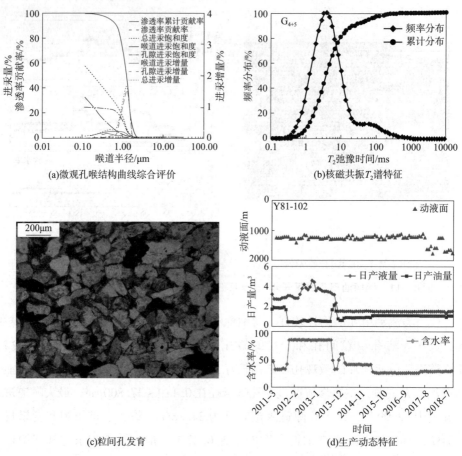

(a)微观孔喉结构曲线综合评价

(b)核磁共振T_2谱特征

(c)粒间孔发育

(d)生产动态特征

图6-12　姬塬油田T井区长4+5储层G_{4+5}类流动单元生产动态响应特征

　　M_{4+5}类流动单元的物性一般，含油饱和度小，含水饱和度大。该类流动单元的孔隙以长石溶孔为主，如图6-13(c)所示，长石溶孔发育。M_{4+5}类流动单元的孔喉结构发育一般，孔隙半径和喉道半径较小，流体渗流能力较差，主要渗流通道的孔喉半径在0.119~20.020μm，最大喉道进汞饱和度为32.86%，最大孔隙进汞饱和度为19.31%，其中最大总进汞饱和度增量为0.62%，最大喉道进汞饱和度增量为0.27%，最大孔隙进汞饱和度增量为0.44%，对应高压压汞实验的Ⅲ类毛管压力曲线和恒速压汞实验的一般类孔喉结构[图6-13(a)]。M_{4+5}类流动单元的样品为核磁共振实验中的Ⅴ类储层，束缚水饱和度非常大，束缚水饱和度和可动流体饱和度分别为86.22%、13.78%[图6-13(b)]，孔喉共同控制区的渗透率贡献率较小，油水分异情况差。M_{4+5}类流动单元油水两相共渗区范围较小，等渗点较高，属于油水相渗实验的B类相渗曲线；水驱油效率较低，驱替类型多为网状和均匀状驱替。

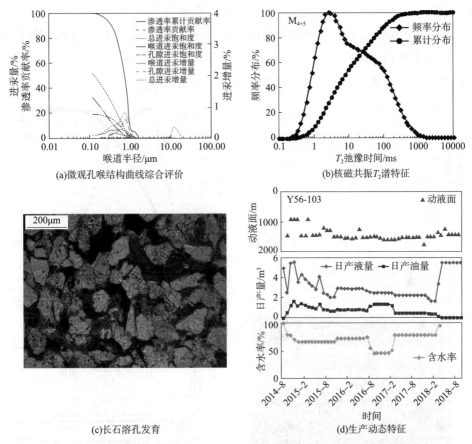

(a)微观孔喉结构曲线综合评价

(b)核磁共振T_2谱特征

(c)长石溶孔发育

(d)生产动态特征

图6-13 姬塬油田T井区长4+5储层M_{4+5}类流动单元生产动态响应特征

从生产动态响应特征可以看出，M_{4+5}类流动单元表现为Ⅲ类井的生产特征，动液面保持稳定，随着生产年限的增加，日产油量和日产液量呈下降趋势，综合含水率上升，部分井被水淹，表明该类流动单元储层的开发效益较低，不利于油田继续开采，但具有一定的开发潜力，采取一定的措施可适当增加产量[图6-13(d)]。

P_{4+5}类流动单元的物性最差，含油饱和度最小。该类流动单元的微观孔喉结构较复杂，孔喉分布不均匀，孔隙和喉道较小，如图6-14(c)所示，孔隙发育差。P_{4+5}类流动单元样品主要渗流通道的孔喉半径在0.119～1.429μm，最大喉道进汞饱和度为30.79%，最大孔隙进汞饱和度为8.48%，其中最大总进汞饱和度增量为0.4%，最大喉道进汞饱和度增量为0.21%，最大孔隙进汞饱和度增量为0.29%，对应高压压汞实验的Ⅳ类毛管压力曲线和恒速压汞实验的差类孔喉结构[图6-14(a)]。P_{4+5}类流动单元束缚水饱和度和可动流体饱和度分别为67.33%、32.67%，为核磁共振实验的Ⅴ类储层[图6-14(b)]，油水分异情况最差，油水两相干扰程度高，两相共渗区范围较小，属于油水相渗实验的C类相渗曲线；水驱油效率较低，驱替类型多为网状和指状驱替。

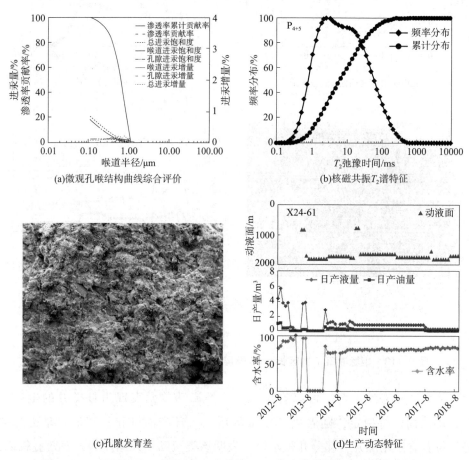

(a)微观孔喉结构曲线综合评价

(b)核磁共振T_2谱特征

(c)孔隙发育差

(d)生产动态特征

图6-14　姬塬油田T井区长4+5储层P_{4+5}类流动单元生产动态响应特征

从生产动态响应特征可以看出，P_{4+5}类流动单元表现为Ⅳ类井的生产特征，动液面呈下降趋势，随着生产年限的增加，日产油量和日产液量趋近于0，综合含水率上升，含水率达75%以上，属于高含水储层，表明该类流动单元储层的开发效益低，采不出油或未见油[图6-14(d)]。

2. 长6储层

通过对T井区长6储层的研究发现，E_6类流动单元的物性要好于E_{4+5}类流动单元的物性，属于长6储层四类流动单元中物性最好的类型，其含油饱和度最大。

该类流动单元的孔隙以粒间孔为主，其次为溶孔－粒间孔，如图6－15(c)所示，硅质加大使颗粒镶嵌接触。E_6类流动单元的样品对应高压压汞实验的Ⅰ类毛管压力曲线和恒速压汞实验的好类孔喉结构，喉道半径发育程度最高，主要渗流通道的孔喉半径在$0.119\sim2.120\mu m$，最大喉道进汞饱和度为23.8%，最大孔隙进汞饱和度为15.13%，其中最大总进汞饱和度增量为1.09%，最大喉道进汞饱和度增量为0.16%，最大孔隙进汞饱和度增量为0.96%［图6－15(a)］。可动流体饱和度较大，可动流体饱和度为63.3%，束缚水饱和度为36.7%，为核磁共振实验的Ⅱ类储层［图6－15(b)］；油水分异情况最好，油水两相干扰程度最低，属于油水相渗实验的A类和C类相渗曲线；水驱油效率高，驱替类型多为指状驱替。

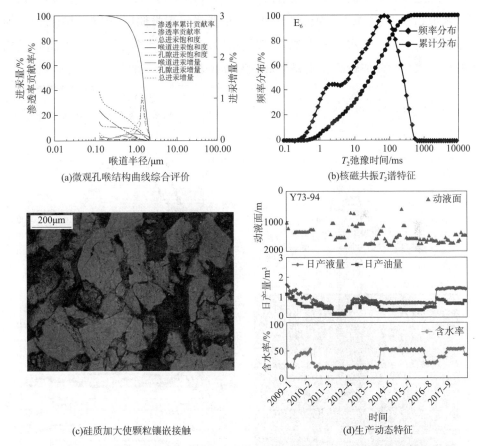

(a)微观孔喉结构曲线综合评价

(b)核磁共振T_2谱特征

(c)硅质加大使颗粒镶嵌接触

(d)生产动态特征

图6－15　姬塬油田T井区长6储层E_6类流动单元生产动态响应特征

从生产动态响应特征可以看出，该类流动单元表现为Ⅰ类井的生产特征，动液面呈不稳定下降趋势，随着生产年限的增加，日产油量和日产液量呈逐渐上升趋势，综合含水率先上升再下降，表明该类流动单元储层的开发效益较高，有利于油田继续开采，属于长6储层中最具优势的储层[图6-15(d)]。

G_6类流动单元的储层物性较好，含油饱和度中等。该类流动单元的孔隙以粒间孔-溶孔为主，如图6-16(c)所示，粒间孔及长石铸模孔发育。G_6类流动单元样品储层物性较好，孔喉分布较均匀，大孔隙和大喉道发育较好，孔喉半径在0.119~0.820μm，最大喉道进汞饱和度为25.84%，最大孔隙进汞饱和度为27.04%，其中最大总进汞饱和度增量为0.87%，最大喉道进汞饱和度增量为0.15%，最大孔隙进汞饱和度增量为0.80%，对应高压压汞实验的Ⅱ类毛管压力曲线和恒速压汞实验的中类孔喉结构[图6-16(a)]。可动流体饱和度为29.1%，束缚水饱和度为70.9%，为核磁共振实验的Ⅲ类、Ⅳ类储层[图6-16(b)]；油水分异情况变差，油水两相干扰程度较低，属于油水相渗实验的A类和C类相渗曲线；水驱油效率较高，驱替类型多为网状驱替和指状驱替。

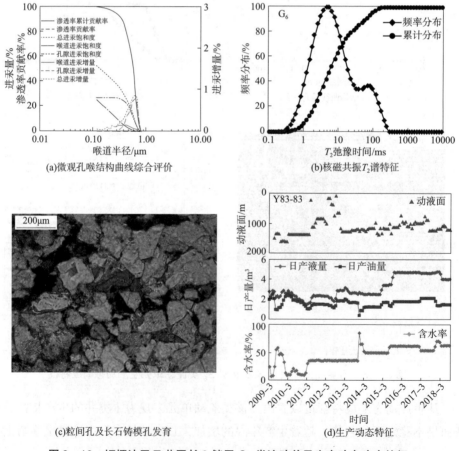

(a)微观孔喉结构曲线综合评价

(b)核磁共振T_2谱特征

(c)粒间孔及长石铸模孔发育

(d)生产动态特征

图6-16　姬塬油田T井区长6储层G_6类流动单元生产动态响应特征

从生产动态响应特征可以看出，该类流动单元表现为Ⅱ类井的生产特征，动液面呈波动趋势，随着生产年限的增加，日产油量和日产液量保持稳定且呈现略微上升趋势，综合含水率上升。研究表明，该类流动单元储层的开发效益一般，但具有一定的开发潜力和开发价值，有利于油田继续开采[图6-16(d)]。

M_6类流动单元的物性较差，含油饱和度较小。该类流动单元孔隙以溶孔和微孔为主，如图6-17(c)所示，充填孔隙的钙质发育。M_6类流动单元的样品物性一般，其孔隙和喉道半径比G_6类流动单元孔隙和喉道半径小，中小孔隙和喉道数量较多，孔喉半径在0.119~30.460μm，最大喉道进汞饱和度为26.18%，最大孔隙进汞饱和度为27.73%，其中最大总进汞饱和度为0.91%，最大喉道进汞饱和度增量为0.91%，最大孔隙进汞饱和度增量为0.68%，对应高压压汞实验的Ⅲ类毛管压力曲线和恒速压汞实验的一般类孔喉结构[图6-17(a)]。可动

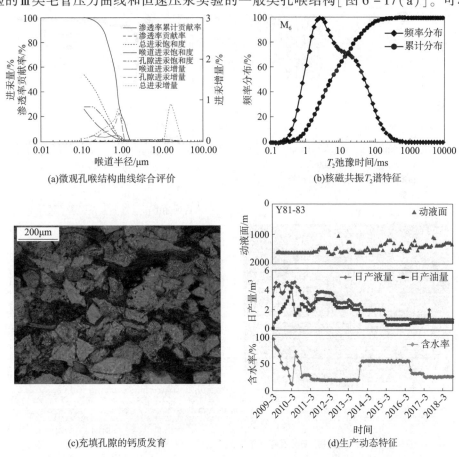

(a)微观孔喉结构曲线综合评价

(b)核磁共振T_2谱特征

(c)充填孔隙的钙质发育

(d)生产动态特征

图6-17　姬塬油田T井区长6储层M_6类流动单元生产动态响应特征

流体饱和度为 31.74%，束缚水饱和度为 68.26%，可动流体饱和度较小，为核磁共振实验的Ⅳ类、Ⅴ类储层[图 6-17(b)]。孔喉共同控制区的渗透率贡献率较小，油水分异情况较差，油水两相干扰程度高，属于油水相渗实验的 B 类相渗曲线；水驱油效率较低，驱替类型多为网状和均匀驱替。

从生产动态响应特征可以看出，该类流动单元表现为Ⅲ类井的生产特征，动液面呈缓慢上升趋势，随着生产年限的增加，日产油量和日产液量呈下降趋势，综合含水率下降，表明该类流动单元储层的开发效益一般，不利于油田继续开采[图 6-17(d)]。

P_6 类流动单元的物性最差，含油饱和度最小。该类流动单元的孔隙以填隙物充填孔隙为主，如图 6-18(c)所示，高岭石、伊利石黏土填隙物及残余孔隙发育。P_6 类流动单元喉道发育程度最低，主要渗流通道的孔喉半径在 0.119～

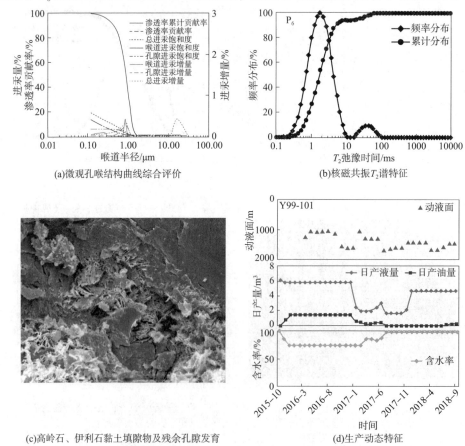

(a)微观孔喉结构曲线综合评价

(b)核磁共振T_2谱特征

(c)高岭石、伊利石黏土填隙物及残余孔隙发育

(d)生产动态特征

图 6-18　姬塬油田 T 井区长 6 储层 P_6 类流动单元生产动态响应特征

29.480μm，最大喉道进汞饱和度为 13.5%，最大孔隙进汞饱和度为 5.76%，其中最大总进汞饱和度增量为 0.42%，最大喉道进汞饱和度增量为 0.42%，最大孔隙进汞饱和度增量为 0.26%，对应高压压汞实验的Ⅳ类毛管压力曲线和恒速压汞实验的差类孔喉结构[图 6 – 18(a)]。P_6 类流动单元的样品可动流体饱和度为 5.38%，束缚水饱和度为 94.62%，为核磁共振实验的 V 类储层，可动流体饱和度最小，油水分异情况最差，属于油水相渗实验的 C 类相渗曲线；水驱油效率较低[图 6 – 18(b)]。

从生产动态响应特征可以看出，该类流动单元表现为Ⅳ类井的生产特征，动液面呈不稳定变化，随着生产年限的增加，日产油量和日产液量下降至 0，综合含水率上升至 90% 以上，处于高含水状态。研究表明，该类流动单元储层的开发效益极低，无开采价值，建议关井或转成注水井[图 6 – 18(d)]。

T 井区长 4 + 5 储层和长 6 储层的 E 类、G 类、M 类、P 类四类流动单元的储层物性依次变差，含油饱和度逐渐减小，长 6 储层物性整体上略好于长 4 + 5 储层物性。长 4 + 5 储层和长 6 储层 E 类、G 类、M 类、P 类四类流动单元的孔隙组合依次变差，孔隙半径和喉道半径依次减小，微观孔喉结构依次变差，排驱压力逐渐变大，可动流体饱和度逐渐减小，油水两相干扰作用逐渐变强，流体的渗流能力依次减弱，油水分异程度逐渐变低，驱替类型由指状驱替到网状驱替、均匀状驱替等无规律转换。生产动态特征充分响应了不同流动单元储层的沉积、成岩、孔喉发育程度、孔喉配置关系和油水运动规律之间的关系。不同类型的储层微观孔喉结构特征和油水运动规律不同，低渗透砂岩储层的岩石空间分布、微观孔喉结构及渗流特征共同决定了注水开发中的生产特征。研究储层的微观孔喉结构特征、剩余油的富集程度及油水运动规律可为注水开发方案的设计提供一定的理论支撑。

6.4 本章小结

(1)T 井区长 4 + 5 储层有 7 口井的试油结果为只出水，不出油，有 1 口井试出油花。长 6 储层有 10 口井的试油结果为只出水，不出油。长 6 储层的试油结果显示，平均日产油量为 2.14m³，长 4 + 5 储层平均日产油量为 1.85m³，长 6 储层的试油效果比长 4 + 5 储层的试油效果好。

(2)2014 年 9 月至 2018 年 9 月的生产动态数据分析表明，研究区开采初期油井开井数较多，产量保持稳定。随着开采时间的增加，油井产量稳定了一段时间后逐渐下降，下降趋势较缓慢；含水率在初期处于波动状态。自2003年12月投产以来，截至2018年9月底，T井区总开井数为281口，油井开井数为121口，平均动液面为1379m，平均日产油量为97.9m³，平均日产液量为111m³，单井月产液量为64.13m³，单井月产油量为33.72m³，含水率为53.38%。目前，累计产油量为30.93×10⁴m³，采出程度为7.23%，采油速度为0.299%，综合含水率为53.4%。

（3）根据T井区采油井的生产曲线特征，可将采油井分为Ⅰ类、Ⅱ类、Ⅲ类、Ⅳ类四种类型。Ⅰ类井为产量最高的井，投产初期含水率较低，随着年限的增加，产油量不断增加；至2018年9月，Ⅰ类井仍处于不断上升阶段。Ⅱ类井的产油量比Ⅰ类井的产油量少，该类井投产初期含水率低，产油量先上升再保持稳产；至2018年9月，Ⅱ类井处于稳产或产量略微上升阶段。Ⅲ类井的生产效益一般，初期含水率较低，但随着开发年限的增加，含水率上升较快；至2018年9月，产油量下降，含水率上升。Ⅳ类井为低产低效井，该类井在投产初期含水率较高，随着开采年限的增加，油井含水率高，甚至被迫关井；至2018年9月，Ⅳ类井处于含水率高，采少量油或者不见油阶段。

（4）利用SPSS统计分析软件，采用Q型聚类法，对研究区长4+5储层92口井和长6储层119口井分别进行不同流动单元类型的划分，划分为E类、G类、M类、P类四种不同类型的流动单元。其中，E类流动单元的储层物性最好，砂岩厚度、孔隙度和渗透率最大，孔隙和喉道发育较好，含油饱和度较大，流体的渗流能力最强；G类流动单元的储层物性较好，砂岩厚度、孔隙度和渗透率较大，孔喉较发育，渗流能力较好；M类流动单元的储层物性一般，砂岩厚度、孔隙度和渗透率较小，孔喉半径较小，含油饱和度较小，流体的渗流能力一般；P类流动单元的储层物性最差，砂岩厚度、孔隙度和渗透率最小，含油饱和度最小，孔隙和喉道半径小，流体的渗流能力最差。

（5）研究区长4+5储层和长6储层的E类、G类、M类、P类四类流动单元的储层物性依次变差，含油饱和度逐渐减小，长6储层物性整体上略好于长4+5储层物性。长4+5储层和长6储层E类、G类、M类、P类四类流动单元的孔隙空间依次变小，孔隙半径和喉道半径依次减小，微观孔喉结构依次变差，排驱压力逐渐变大，可动流体饱和度逐渐减小，油水两相干扰作用逐渐变强，流体的渗流能力依次变弱，油水分异程度逐渐变低，驱替类型为指状驱替向网状驱替、均匀状驱替无规律转换。生产动态特征充分响应了不同流动单元储层的沉积、成岩、孔喉发育程度、孔喉配置关系和油水运动规律之间的关系。不同类型的储层微观孔喉结构特征和油水运动规律不同，低渗透砂岩储层的岩石空间分布、微观孔喉结构及渗流特征共同决定了注水开发中的生产特征。研究储层的微观孔喉结构特征、剩余油的富集程度及油水运动规律可为注水开发方案的设计提供一定的理论支撑。

参考文献

[1] 邹才能, 朱如凯, 吴松涛, 等. 常规与非常规油气聚集类型、特征、机理及展望——以中国致密油和致密气为例[J]. 石油学报, 2012, 33(02): 173–187.

[2] 赵华伟. 致密油储层微观孔隙结构及渗流规律研究[D]. 北京: 中国石油大学, 2017.

[3] 程启贵, 陈恭洋. 低渗透砂岩油藏精细描述与开发评价技术[M]. 北京: 石油工业出版社, 2010.

[4] 李道品. 低渗透油田高效开发决策论[M]. 北京: 石油工业出版社, 2003.

[5] 贾承造, 郑民, 张永峰. 中国非常规油气资源与勘探开发前景[J]. 石油勘探与开发, 2012, 39(2): 129–136.

[6] Xiao L., Li J.R., Mao Z.Q., et al. A Method to Determine Nuclear Magnetic Resonance (NMR) T2 Cutoff Based on Normal Distribution Simulation in Tight Sandstone Reservoirs[J]. Flue, 2018, 225: 472–485.

[7] 寇显明. 低渗透油藏合理开发技术政策研究[D]. 北京: 中国地质大学, 2011.

[8] 李亚玲, 常永平, 高颜博, 等. 姬塬油田长4+5油藏改善水驱开发效果评价研究[J]. 长江大学学报(自科版), 2015, 12(29): 71–74.

[9] 于兴河. 碎屑岩系油气储层沉积学[M]. 北京: 石油工业出版社, 2002.

[10] 庞振宇, 李艳, 赵习森, 等. 特低渗储层可动流体饱和度研究——以甘谷驿油田长6储层为例[J]. 地球物理学进展, 2017, 32(2): 702–708.

[11] 裘怿楠, 陈子琪. 油藏描述[M]. 北京: 石油工业出版社, 1996.

[12] 刘晓鹏, 刘燕, 陈娟萍, 等. 鄂尔多斯盆地盒8段致密砂岩气藏微观孔隙结构及渗流特征[J]. 天然气地球科学, 2016, 27(7): 1225–1234.

[13] Li J.J., Liu Y., L., Gao Y.J., et al. Effects of Microscopic Pore Structure Heterogeneity on the Distribution and Morphology of Remaining Oil[J]. Petroleum Exploration and Development, 2018, 45(6): 1112–1122.

[14] 明红霞, 孙卫, 张龙龙, 等. 马岭油田北三区延1021储层特征及其控制因素[J]. 地质与勘探, 2015, 51(2): 395–404.

[15] 韦伟. 多孔介质微观输运特征研究[D]. 武汉: 中国地质大学, 2018.

[16] 祝海华, 钟大康, 姚泾利, 等. 鄂尔多斯西南地区长7段致密油储层微观特征及成因机理[J]. 中国矿业大学学报, 2014, 43(5): 853–863.

[17] Li P, Sun W, Wu B.L., et al. Occurrence Characteristics and Influential Factors of Movable Fluids in Pores with Different Structures of Chang 6_3 Reservoir, Huaqing Oilfield, Ordos Basin, China[J]. Marine and Petroleum Geology, 2018, 97: 480–492.

[18]周玉琦. 中国石油与天然气资源[M]. 北京：中国地质大学出版社，2004.

[19]Wu H., Zhang C. L., Ji Y. L., et al. An Improved Method of Characterizing the Pore Structure in Tight Oil Reservoirs：Integrated NMR and Constant – rate – controlled Porosimetry data[J]. Journal of Petroleum Science and Engineering，2018，166：778 – 796.

[20]高金栋. 鄂尔多斯盆地姬塬油田三叠系延长组长 7 油层组致密砂岩天然裂缝识别与建模[D]. 西安：西北大学，2018.

[21]王伟，朱玉双，牛小兵，等. 鄂尔多斯盆地姬塬地区长 6 储层微观孔隙结构及控制因素[J]. 地质科技情报，2013，32(3)：118 – 124.

[22]Zhao Y., Xia L., Zhang Q., et al. The Influence of Water Saturation on Permeability of Low – permeability Sandstone[J]. Procedia Earth and Planetary Science，2017，17：861 – 864.

[23]张创，孙卫，高辉，等. 基于铸体薄片资料的砂岩储层孔隙度演化定量计算方法——以鄂尔多斯盆地环江地区长 8 储层为例[J]. 沉积学报，2014，32(2)：365 – 375.

[24]邹才能. 非常规油气地质[M]. 北京：地质出版社，2011.

[25]任晓霞，李爱芬，王永政，等. 致密砂岩储层孔隙结构及其对渗流的影响——以鄂尔多斯盆地马岭油田长 8 储层为例[J]. 石油与天然气地质，2015(5)：774 – 779.

[26]Cai Y. D., Liu D. M., Pan Z. J., et al. Petrophysical Characterization of Chinese Coal Cores with Heat Treatment by Nuclear Magnetic Resonance[J]. Fuel，2013，108：292 – 302.

[27]胡勇. 致密砂岩气藏储层渗流机理研究[D]. 大庆：东北石油大学，2016.

[28]盛军，孙卫，刘艳妮，等. 低渗透油藏储层微观孔隙结构差异对可动流体的影响：以鄂尔多斯盆地姬塬与板桥地区长 6 储层为例[J]. 地质科技情报，2016，35(3)：167 – 172.

[29]Rosenbrand E., Fabricius I. L., Fisher Q., et al. Permeability in Rotliegend Gas Sandstones to Gas and Brine as Predicted from NMR，Mercury Injection and Image Analysis[J]. Marine and Petroleum Geology，2015，64：189 – 202.

[30]王伟，牛小兵，梁晓伟，等. 鄂尔多斯盆地致密砂岩储层可动流体特征：以姬塬地区延长组长 7 段油层组为例[J]. 地质科技情报，2017，36(1)：183 – 187.

[31]明红霞. 低渗透砂岩储层精细油藏描述及剩余油分布规律——以姬塬油田延长组长 2、长 6 储层为例[D]. 西安：西北大学，2016.

[32]吴长辉，赵习森. 致密砂岩油藏核磁共振 T2 截止值的确定及可动流体喉道下限 – 以吴仓堡下组合长 9 油藏为例[J]. 非常规油气，2017，4(2)：91 – 94.

[33]Xi K. L., Cao Y. C., Jahren J., et al. Diagenesis and Reservoir Quality of the Lower Cretaceous Quantou Formation Tight Sandstones in the Southern Songliao Basin，China[J]. Sedimentary Geology，2015，330：90 – 107.

[34]Zhang Y. Y., Pe – Piper G., Piper D. J. How Sandstone Porosity and Permeability Vary with Diagenetic Minerals in the Scotian Basin，Offshore Eastern Canada：Implications for Reservoir

Quality[J]. Marine and Petroleum Geology, 2015, 63: 28 – 45.

[35]苏皓, 雷征东, 张荻萩, 等. 裂缝性油藏天然裂缝动静态综合预测方法——以鄂尔多斯盆地华庆油田三叠系长 6_3 储集层为例[J]. 石油勘探与开发, 2017, 44(6): 919 – 929.

[36]刘丽, 赵应成, 王友净, 等. 华庆油田 B153 井区长 6_3 砂层组沉积相特征及演化模式[J]. 地质科技情报, 2016, 35(1): 94 – 100.

[37]李辉. 克拉玛依油田三 – 2 区克下组油藏精细描述及剩余油挖潜研究[D]. 成都: 成都理工大学, 2010.

[38]Lai F. P. , Li Z. , P. , Zhang T. T. , et al. Characteristics of microscopic pore structure and its influence on spontaneous imbibition of tight gas reservoir in the Ordos Basin, China[J]. Journal of Petroleum Science and Engineering, 2019, 172: 23 – 31.

[39]程敬华, 李荣西, 覃小丽, 等. 成岩相对低渗透储层砂岩岩石力学性质的控制——以鄂尔多斯盆地东部上古生界天然气储层为例[J]. 石油学报, 2016, 37(10): 1256 – 1264.

[40]赵习森, 党海龙, 庞振宇, 等. 特低渗储层不同孔隙组合类型的微观孔隙结构及渗流特征 – 以甘谷驿油田唐 157 井区长 6 储层为例[J]. 岩性油气藏, 2017, 29(6): 9 – 14.

[41]黄海, 任大忠, 周妍, 等. 华庆地区长 8_1 储层可动流体赋存特征及孔隙度演化[J]. 西北大学学报(自然科学版), 2016, 46(5): 735 – 745.

[42]雷浩. 低渗储层 CO_2 驱油过程中沉淀规律及防治对策研究[D]. 北京: 中国石油大学, 2017.

[43]周翔, 何生, 刘萍, 等. 鄂尔多斯盆地代家坪地区长 6 致密油储层孔隙结构特征及分类评价[J]. 天然气地球科学, 2016, 23(3): 253 – 265.

[44]Li P. , Jia C. Z. , Jin Z. J. , et al. The characteristics of movable fluid in the Triassic lacustrine tight oil reservoir: A case study of the Chang 7 member of Xin'anbian Block, Ordos Basin, China[J]. Marine and Petroleum Geology, 2019, 102: 126 – 137.

[45]范宜仁, 刘建宇, 葛新民, 等. 基于核磁共振双截止值的致密砂岩渗透率评价新方法[J]. 地球物理学报, 2018, 61(4): 1628 – 1638.

[46]刘登科, 孙卫, 任大忠, 等. 致密砂岩气藏孔喉结构与可动流体赋存规律——以鄂尔多斯盆地苏里格气田西区盒 8 段、山 1 段储层为例[J]. 天然气地球科学, 2016, 27(12): 2136 – 2146.

[47]刘滨. 低渗砂岩油藏高含水期注气开发机理研究[D]. 北京: 中国地质大学, 2012.

[48]刘向君, 熊健, 梁利喜, 等. 基于微 CT 技术的致密砂岩孔隙结构特征及其对流体流动的影响[J]. 地球物理学进展, 2017, 32(2): 1019 – 1028.

[49]Zhang L. C. , Lu S. F. , Xiao D. S. , et al. Pore structure characteristics of tight sandstones in the northern Songliao Basin, China[J]. Marine and Petroleum Geology, 2017, 88: 170 – 180.

[50]时建超, 屈雪峰, 雷启鸿, 等. 致密油储层可动流体分布特征及主控因素分析——以鄂

尔多斯盆地长 7 储层为例[J]. 天然气地球科学，2016，27（5）：827 – 834.

[51]高辉，程媛，王小军，等. 基于核磁共振驱替技术的超低渗透砂岩水驱油微观机理实验[J]. 地球物理学进展，2015，30（5）：2157 – 2163.

[52]罗静兰，罗晓容，白玉彬，等. 差异性成岩演化过程对储层致密化时序与孔隙演化的影响——以鄂尔多斯盆地西南部长 7 致密浊积砂岩储层为例[J]. 地球科学与环境学报，2016，38（01）：79 – 92.

[53]张厚福，方朝亮，高先志，等. 石油地质学[M]. 北京：石油工业出版社，1999.

[54]李锟，于炳松，王黎栋，等. 塔里木盆地东南地区侏罗系低孔低渗砂岩储层成岩作用及孔隙演化[J]. 现代地质，2014，28（2）：388 – 395.

[55]Al – Mahrooqi S. H. , Grattoni C. A. , Muggeridge A. H. , et al. Pore – scale Modelling of NMR Relaxation for the Characterization of Wettability[J]. Journal of Petroleum Science and Engineering，2006，52（1 – 4）：172 – 186.

[56]黎盼，孙卫，李长政，等. 低渗透砂岩储层可动流体变化特征研究——以鄂尔多斯盆地马岭地区长 8 储层为例[J]. 地球物理学进展，2018，33（6）：2394 – 2402.

[57]郭耀华. 鄂尔多斯盆地红河油田长 8 油藏地质特征与开发对策研究[D]. 北京：中国地质大学，2012.

[58]Guan H. , Brougham D. , Sorbie K. S. , et al. Wettability Effects in a Sandstone Reservoir and Outcrop Cores from NMR Relaxation Time Distributions[J]. Journal of Petroleum Science and Engineering，2002，34（1 – 4）：35 – 54.

[59]曹丽娜. 致密气藏不稳定渗流理论及产量递减动态研究[D]. 成都：西南石油大学，2017.

[60]李福来，王石头，苗顺德，等. 华庆地区长 6_3 段低渗储层特征及优质储层主控因素[J]. 吉林大学学报（地球科学版），2015，45（6）：1580 – 1588.

[61]Carr M. B. , Ehrlich R. , Bowers M. C. , et al. Correlation of Porosity Types Derived from NMR Data and Thin Section Image Analysis in a Carbonate Reservoir[J]. Journal of Petroleum Science and Engineering，1996，14（3 – 4）：115 – 131.

[62]杨涛，谢俊，周巨标，等. 低孔 – 特低渗砂岩储层可动流体核磁共振特征及成因——以王龙庄油田 T89 断块阜宁组二亚段为例[J]. 山东科技大学学报（自然科学版），2018，37（1）：119 – 126.

[63]Yao J. L. , Deng X. Q. , Zhao Y. D. , et al. Characteristics of Tight Oil in Triassic Yanchang Formation，Ordos Basin[J]. Petroleum Exploration and Development，2013，40（2）：161 – 169.

[64]屈雪峰，周晓峰，刘丽丽，等. 鄂尔多斯盆地古峰庄—麻黄山地区长 8_2 低渗透砂岩致密化过程分析[J]. 天然气地球科学，2018，29（3）：337 – 348.

[65]崔玉峰. 致密砂岩储层成岩相测井表征方法及应用——以鄂尔多斯盆地合水地区长 7 段

为例[D]. 北京：中国石油大学，2017.

[66] 陈俊飞，李琦，朱如凯，等. 鄂尔多斯盆地陕北地区长 10_1 低孔低渗储层孔隙演化及其定量模式[J]. 天然气地球科学，2019，30(1)：83-94.

[67] Gao H. , Li H. Z. Determination of Movable Fluid Percentage and Movable Fluid Porosity in Ultra-low Permeability Sandstone Using Nuclear Magnetic Resonance(NMR)Technique[J]. Journal of Petroleum Science and Engineering. 2015，133：258-267.

[68] 董怀民，孙建孟，林振洲，等. 基于 CT 扫描的天然气水合物储层微观孔隙结构定量表征及特征分析[J]. 中国石油大学学报(自然科学版)，2018，42(6)：40-49.

[69] 关德师. 中国非常规油气地质[M]. 石油工业出版社，1995.

[70] 陈猛. 致密油储层水驱油实验及动态网络模拟研究[D]. 成都：西南石油大学，2017. 孙寅森，郭少斌. 基于图像分析技术的页岩微观孔隙特征定性及定量表征[J]. 地球科学进展，2016，31(7)：751-763.

[71] Zhou Y. , Ji Y. L. , Xu L. M. , et al. Controls on Reservoir Heterogeneity of Tight Sand Oil Reservoirs in Upper Triassic Yanchang Formation in Longdong Area，Southwest Ordos Basin，China：Implications for Reservoir Quality Prediction and Oil Accumulation[J]. Marine and Petroleum Geology，2016，78：110-135.

[72] 窦文超，六洛夫，吴康军，等. 基于压汞实验研究低渗储层孔隙结构及其对渗透率的影响——鄂尔多斯盆地西南部三叠系延长组长 7 储层为例[J]. 地质论评，2016，62(2)：502-512.

[73] Sun B. Q. , Dunn K. J. Two-dimensional Nuclear Magnetic Resonance Petrophysics[J]. Magnetic Resonance Imaging，2005，23(2)：259-262.

[74] 龙玉梅，陈曼霏. 马王庙油田储层微观特征对开发效果的影响[J]. 东华理工大学(自然科学版)，2016，39(3)：279-292.

[75] 杨俊杰，李克勤，张东生，等. 中国石油地质志(卷十二)长庆油田[M]. 北京：石油工业出版社，1992.

[76] 张大智. 利用氮气吸附实验分析致密砂岩储层微观孔隙结构特征——以松辽盆地徐家围子断陷沙河子组为例[J]. 天然气地球科学，2017，28(6)：898-908.

[77] 尤源，牛小兵，李廷艳，等. CT 技术在致密砂岩微观孔隙结构研究中的应用——以鄂尔多斯盆地延长组长 7 段为例[J]. 新疆石油地质，2016，37(2)：227-230.

[78] Yang Y. F. , Zhang W. J. , Gao Y. , et al. Influence of Stress Sensitivity on Microscopic Pore Structure and Fluid Flow in Porous Media[J]. Journal of Natural Gas Science and Engineering，2016，36(A)：20-31.

[79] 查明，尹向烟，姜林，等. CT 扫描技术在石油勘探开发中的应用[J]. 地质科技情报，2017，36(4)：228-235.

［80］彭军，韩浩东，夏青松，等．深埋藏致密砂岩储层微观孔隙结构的分形表征及成因机理——以塔里木盆地顺托果勒地区柯坪塔格组为例［J］．石油学报，2018，39(7)：775－791.

［81］Gao H. , Li H. Z. Pore Structure Characterization, Permeability Evaluation and Enhanced Gas Recovery Techniques of Tight Gas Sandstones［J］. Journal of Natural Gas Science and Engineering, 2016, 28：536－547.

［82］王伟明，卢双舫，李杰，等．致密砂岩储层微观孔隙特征评价——以中国吐哈盆地为例［J］．天然气地球科学，2016，27(10)：1828－1836.

［83］徐大融．致密油藏渗流机理与开发方式研究［D］．北京：中国石油大学，2017.

［84］杨少春．储层非均质性定量研究的新方法［J］．中国石油大学学报：自然科学版，2000，24(1)：53－56.

［85］Zhang J. Z. , Li X. Q. , Xie Z. Y. , et al. Characterization of microscopic pore types and structures in marine shale：Examples from the Upper Permian Dalong formation, Northern Sichuan Basin, South China［J］. Journal of Natural Gas Science and Engineering, 2018, 59：326－342.

［86］徐祖新．基于 CT 扫描图像的页岩储层非均质性研究［J］．岩性油气藏，2014，26(6)：46－49.

［87］黎盼，孙卫，高永利，等．致密砂岩储层差异性成岩演化对孔隙度定量演化表征影响：以鄂尔多斯盆地马岭地区长 8_1 储层为例［J］．地质科技情报，2018，37(1)：135－142.

［88］杜启振，杨少春，王志欣，等．测井相模式识别自动分析［J］．石油物探，1997(S1)：108－111.

［89］陈昱林．泥页岩微观孔隙结构特征及数字岩心模型研究［D］．成都：西南石油大学，2016.

［90］陈钢花，王中文，王湘文．河流相沉积微相与测井相研究［J］．测井技术，1996，20(5)：335－340.

［91］Liu M. , Xie R. H. , Wu S. T. , et al. Characterizing the Pore Structure of Low Permeability Eocene Liushagang Formation Reservoir Rocks from Beibuwan Basin in Northern South China Sea［J］. Marine and Petroleum Geology, 2019, 99：107－121.

［92］石玉江，张海涛，周金昱，等．应用常规测井属性分析进行地层结构划分［J］．测井技术，2016，40(4)：493－497.

［93］Sima L. Q. , Wang C. , Wang L. , et al. Effect of Pore Structure on the Seepage Characteristics of Tight Sandstone Reservoirs：A Case Study of Upper Jurassic Penglaizhen Fm Reservoirs in the Western Sichuan Basin［J］. Natural Gas Industry B, 2017, 4(1)：17－24.

［94］王瑞飞，陈明强，孙卫．鄂尔多斯盆地延长组超低渗透砂岩储层微观孔隙结构特征研究［J］．地质论评，2008，54(2)：270－277.

［95］刘峰．低渗透各向异性油藏油井产能及合理井网研究［D］．成都：西南石油大学，2014.

[96]杨峰，宁正福，孔德涛，等. 高压压汞法和氮气吸附法分析页岩孔隙结构[J]. 天然气地球科学，2013，24(3)：450-455.

[97]Yao Y. B., Liu D. M. Comparison of Low – field NMR and Mercury Intrusion Porosimetry in Characterizing Pore Size Distributions of Coals[J]. Fuel. 2012, 95：152-158.

[98]陈欢庆，曹晨，梁淑贤，等. 储层孔隙结构研究进展[J]. 天然气地球科学，2013，24(2)：227-237.

[99]杨正明，张英芝，郝明强，等. 低渗透油田储层综合评价方法[J]. 石油学报，2006，27(2)：64-67.

[100]于俊波，郭殿军，王新强. 基于恒速压汞技术的低渗透储层物性特征[J]. 东北石油大学学报，2006，30(2)：22-25.

[101]Megawati M., Madland M. V., Hiorth A. Probing Pore Characteristics of Deformed Chalk by NMR Relaxation[J]. Journal of Petroleum Science and Engineering, 2012, 100：123-130.

[102]王瑞飞，沈平平，宋子齐，等. 特低渗透砂岩油藏储层微观孔喉特征[J]. 石油学报，2009，30(4)：560-563.

[103]邹友龙. 核磁共振测井数据反演方法及 T$_2$ 谱的不确定性研究[D]. 北京：中国石油大学，2016.

[104]杨涛，谢俊，周巨标，等. 低渗透储层核磁共振实验与测井应用[J]. 中国石油大学学报(自然科学版)，2019，43(1)：53-59.

[105]全洪慧，朱玉双，张洪军，等. 储层孔隙结构与水驱油微观渗流特征——以安塞油田王窑区长6油层组为例[J]. 石油与天然气地质，2011，32(6)：952-960.

[106]Xiao D. S., Jiang S., Thul D., et al. Combining Rate – controlled Porosimetry and NMR to Probe Full – range Pore Throat Structures and Their Evolution Features in Tight Sands：A Case Study in the Songliao Basin, China[J]. Marine and Petroleum Geology, 2017, 83：111-123.

[107]张章，朱玉双，陈朝兵，等. 合水地区长6油层微观渗流特征及驱油效率影响因素研究[J]. 地学前缘，2012，19(2)：176-182.

[108]何自新. 鄂尔多斯盆地演化与油气[M]. 北京：石油工业出版社，2003.

[109]代全齐，罗群，张晨，等. 基于核磁共振新参数的致密油砂岩储层孔隙结构特征——以鄂尔多斯盆地延长组7段为例[J]. 石油学报，2016，37(7)：887-897.

[110]徐刚. 黄骅坳陷歧南次凹沙河街组储层成岩作用及其对孔隙影响的研究[D]. 成都：成都理工大学，2012.

[111]白斌，朱如凯，吴松涛，等. 利用多尺度CT成像表征致密砂岩 微观孔喉结构[J]. 石油勘探与开发，2013，40(3)：329-333.

[112]Wang R. F., Chi Y. G., Zhang L., et al. Comparative Studies of Microscopic Pore Throat Characteristics of Unconventional Super – low Permeability Sandstone Reservoirs：Examples of

Chang 6 and Chang 8 Reservoirs of Yanchang Formation in Ordos Basin, China[J]. Journal of Petroleum Science and Engineering, 2018, 160: 72 - 90.

[113]肖佃师, 卢双舫, 陆正元, 等. 联合核磁共振和恒速压汞方法测定致密砂岩孔喉结构[J]. 石油勘探与开发, 2016, 43(6): 961 - 970.

[114]房涛, 张立宽, 刘乃贵, 等. 核磁共振技术定量表征致密砂岩气储层孔隙结构——以临清坳陷东部石炭系–二叠系致密砂岩储层为例[J]. 石油学报, 2017, 38(8): 902 - 915.

[115]刘标, 姚素平, 胡文瑄, 等. 核磁共振冻融法表征非常规油气储层孔隙的适用性[J]. 石油学报, 2017, 38(12): 1401 - 1410.

[116]朱如凯, 吴松涛, 苏玲, 等. 中国致密储层孔隙结构表征需注意的问题及未来发展方向[J]. 石油学报, 2016, 37(11): 1323 - 1336.

[117]黎盼, 孙卫, 王震, 等. 鄂尔多斯盆地西峰油田长 8_1 储层微观孔隙结构特征及其对水驱油特征的影响[J]. 现代地质, 2018, 32(6): 1 - 9.

[118]高辉. 特低渗透砂岩储层微观孔隙结构与渗流机理研究[D]. 西安: 西北大学, 2009. 严科, 杨少春, 任怀强. 储层宏观非均质性定量表征研究[J]. 石油学报, 2008, 29(6): 870 - 874.

[119]邵先杰. 储层渗透率非均质性表征新参数——渗透率参差系数计算方法及意义[J]. 石油实验地质, 2010, 31(4): 397 - 399.

[120]油气田开发标准[M]. 北京: 石油工业出版社, 1996: 1 - 12.

[121]郑晨晨, 谢俊, 王金凯, 等. 洛伦兹系数在储层非均质性评价中的应用[J]. 山东科技大学学报(自然科学版), 2018, 37(1): 103 - 110.

[122]陈志海. 特低渗油藏储层微观孔喉分布特征与可动油评价[J]. 石油实验地质, 2011, 33(6): 657 - 661.

[123]井翠. 苏里格气田二叠系致密砂岩储层非均质性研究[D]. 青岛: 中国石油大学(华东), 2014.

[124]王明磊, 张遂安, 张福东, 等. 鄂尔多斯盆地延长组长 7 段致密油微观赋存形式定量研究[J]. 石油勘探与开发, 2015, 42(6): 757 - 762.

[125]申延平, 吴朝东, 岳来群, 等. 库车坳陷侏罗系砂岩碎屑组分及物源分析[J]. 地球学报, 2005, 26(3): 235 - 240.

[126]中国石油天然气总公司勘探局. 油气资源评价技术[M]. 石油工业出版社, 1999.

[127]胡明毅, 沈娇, 胡蝶. 西湖凹陷平湖构造带平湖组砂岩储层特征及其主控因素[J]. 石油与天然气地质, 2013, 34(2): 185 - 191.

[128]孙卫, 曲志浩, 李劲峰. 安塞特低渗透油田见水后的水驱油机理与开发效果分析[J]. 石油实验地质, 1999, 21(3): 256 - 260.

[129]朱玉双, 曲志浩. 靖安油田长 6、长 2 油层驱油效率影响因素[J]. 石油与天然气地质,

1999, 20(4)：333 - 335.

[130]侯健, 李振泉, 关继腾, 等. 基于三维网络模型的水驱油微观渗流机理研究[J]. 力学学报, 2005, 37(6)：783 - 787.

[131]向祖平, 张烈辉, 陈辉, 等. 相渗曲线对油水两相流数值试井曲线的影响[J]. 西南石油大学学报(自然科学版), 2007, 29(4)：74 - 78.

[132]杨露, 冯文光, 李海鹏. 毛管压力曲线与相渗曲线相互转化的分形实现[J]. 断块油气田, 2008, 15(2)：64 - 66.

[133]王波, 宁正福. 不同特征储层相渗曲线的网络模拟研究[J]. 重庆科技学院学报：自然科学版, 2012, 14(1)：57 - 60.

[134]王健. 粒度分布曲线在胜坨地区沙三段沉积微相识别中的应用[J]. 中国石油大学胜利学院学报, 2017, 31(4)：9 - 12.

[135]包书景. 扫描电镜及能谱仪在河南油田石油地质研究中的应用[J]. 电子显微学报, 2003, 22(6)：607 - 607.

[136]张大伟, 陈发景, 程刚. 松辽盆地大情字井地区高台子油层储集层孔隙结构的微观特征[J]. 石油与天然气地质, 2006, 27(5)：668 - 674.

[137]Seright R. S., Liang J., Lindquist W. B., et al. Use of X - ray computed microtomography to understand why gels reduce relative permeability to water more than that to oil[J]. Journal of Petroleum Science and Engineering, 2003, 39(3 - 4)：217 - 230.

[138]张人雄, 李晓梅. 单向水平流动压汞与常规压汞技术对比研究[J]. 石油勘探与开发, 1998, 25(6)：61 - 62.

[139]张关龙, 陈世悦, 鄢继华. 郑家—王庄地区沙一段黏土矿物特征及对储层敏感性影响[J]. 矿物学报, 2006, 26(1)：99 - 106.

[140]赵彦超, 陈淑慧, 郭振华. 核磁共振方法在致密砂岩储层孔隙结构中的应用——以鄂尔多斯大牛地气田上古生界石盒子组3段为例[J]. 地质科技情报, 2006, 25(1)：109 - 112.

[141]郝乐伟, 王琪, 唐俊. 储层岩石微观孔隙结构研究方法与理论综述[J]. 岩性油气藏, 2013, 25(5)：123 - 128.

[142]于翠玲, 林承焰. 储层非均质性研究进展[J]. 油气地质与采收率, 2007, 14(4)：15 - 18.

[143]张传河, 李建红. 储层非均质性研究现状与展望[J]. 煤炭技术, 2011, 30(9)：232 - 233.

[144]栗亮, 栗文, 仇文博. 低渗储层微观孔隙结构研究进展[J]. 当代化工, 2017, 46(8)：1622 - 1625.

[145]Mogensen K., Stenby E. H., Zhou D. G. Studies of Waterflooding in Low - permeable Chalk by Use of X - ray CT Scanning[J]. Journal of Petroleum Science and Engineering, 2001, 32(1)：

1 – 10.

[146] 余继峰，付文钊，袁学旭，等. 测井沉积学研究进展[J]. 山东科技大学学报（自然科学版），2010，29（6）：1 – 8.

[147] 江茂生，沙庆安. 碳酸盐与陆源碎屑混合沉积体系研究进展[J]. 地球科学进展，1995，10（6）：551 – 554.

[148] 胡文瑞. 中国非常规天然气资源开发与利用[J]. 东北石油大学学报，2010，34（5）：9 – 16.

[149] SY/T 6490—2014，中华人民共和国石油天然气行业标准[S]. 北京：国家石油和化学工业局，2014.

[150] 赵鹤森，陈义才，唐波，等. 鄂尔多斯盆地定边地区长 2 储层非均质性研究[J]. 岩性油气藏，2011，23（4）：70 – 74.

[151] 李盼盼，朱筱敏，朱世发，等. 鄂尔多斯盆地陇东地区延长组长 4 + 5 油层组储层特征及主控因素分析[J]. 岩性油气藏，2014，26（4）：50 – 56.

[152] 吴崇筠. 中国含油气盆地沉积学[M]. 北京：石油工业出版社，1992.

[153] 杨豫川，李凤杰，代延勇，等. 鄂尔多斯盆地胡尖山地区长 4 + 5 油层组储层特征研究[J]. 岩性油气藏，2014，26（2）：32 – 37.

[154] Seright R. S.，Liang J.，Lindquist W. B.，et al. A preliminary Study on the Pore Characterization of Lower Silurian Black Shales in the Chuandong Thrust Fold Belt，Southwestern China Using Low Pressure N2 Adsorption and FE – SEM methods[J]. Marine and Petroleum Geology，2013，48：8 – 19.

[155] 杨华，付金华，何海清，等. 鄂尔多斯华庆地区低渗透岩性大油区形成与分布[J]. 石油勘探与开发，2012，39（6）：641 – 648.

[156] 马春林，王瑞杰，罗必林，等. 鄂尔多斯盆地马岭油田长 8 油层组储层特征与油藏分布研究[J]. 天然气地球科学，2012，23（3）：514 – 519.

[157] 李渭. 鄂尔多斯盆地中部三叠系延长组长 7、长 10 油层组沉积体系与储层特征研究[D]. 西安：西北大学，2015.

[158] 刘力鹏，张刚，安山. 鄂尔多斯盆地罗庞塬 40073 井区长 4 + 5 油层组沉积相研究[J]. 西安石油大学（自然科学版），2014，29（6）：48 – 54.

[159] 张浩，陈刚，唐鑫，等. 应用测井响应评价致密油储层成岩相：以鄂尔多斯盆地合水地区长 7 储层为例[J]. 地质科技情报，2017，36（3）：262 – 270.

[160] 任明达. 现代沉积环境概论[M]. 北京：科学出版社，1981.

[161] 贺永红，张锐，马芳侠，等. 三角洲河口区沉积微相演化特征及成因分析：以鄂尔多斯盆地樊学地区长 4 + 5 油层组为例[J]. 中国石油勘探，2017，22（2）：35 – 42.

[162] 张仲宏. 低渗透油藏储层分级评价研究[D]. 北京：中国地质大学，2012.

[163] 王振川, 朱玉双, 李超, 等. 姬塬油田胡 154 井区延长组长 4 + 5 储层特征[J]. 地质科技情报, 2013, 31(3): 63 – 69.

[164] Nguyen V. H., Sheppard A. P., Knackstedt M. A., et al. The Effect of Displacement Rate on Imbibition Relative Permeability and Residual Saturation[J]. Journal of Petroleum Science and Engineering, 2006, 52(1 – 4): 54 – 70.

[165] SY/T 5477—2003, 碎屑岩成岩阶段划分[S]. 北京: 石油工业出版社, 2003.

[166] 刘林玉, 曹青, 柳益群, 等. 白马南地区长 8_1 砂岩成岩作用及其对储层的影响[J]. 地质学报, 2006, 80(5): 712 – 717.

[167] 黎盼, 孙卫, 李长政. 鄂尔多斯盆地华庆油田长 6_3 储集层成岩相特征[J]. 新疆石油地质, 2018, 39(5): 517 – 523.

[168] 朱筱敏. 沉积岩石学[M]. 北京: 石油工业出版社, 2012: 109 – 151.

[169] 杨欢, 屈红军, 李敏, 等. 鄂尔多斯盆地罗庞塬地区长 4 + 5 储层成岩相研究[J]. 长江大学学报(自科版), 2013, 10(4): 1 – 4.

[170] Talabi O., AlSayari S., lglauer S., et al. Pore – scale Simulation of NMR Response[J]. Journal Petroleum Science and Engineering, 2009, 67: 168 – 178.

[171] 马瑶. 鄂尔多斯盆地志丹地区三叠系延长组长 9 油层组储层特征研究[D]. 西安: 西北大学; 2015.

[172] 高永利, 王勇, 孙卫. 姬塬地区长 4 + 5 低渗储层成岩作用与孔隙演化[J]. 特种油气藏, 2014, 21(1): 68 – 72.

[173] Fitch P. J. R., Lovell M. A., Davies S. J., et al. An Integrated and Quantitative Approach to Petrophysical Heterogeneity[J]. Marine and Petroleum Geology, 2015, 63: 82 – 96.

[174] 李盼, 刘之的, 陈玉明, 等. 测井资料在低孔低渗储集层成岩相识别中的应用综述[J]. 地球物理学进展, 2017, 32(1): 183 – 190.

[175] 赵明, 郭志强, 卿华, 等. 岩石铸体薄片鉴定与显微图像分析技术的应用[J]. 西部探矿工程, 2009, 21(3): 66 – 68.

[176] 刘宝珺, 张锦泉. 沉积成岩作用[M]. 北京: 科学出版社, 1994.

[177] 张鹏飞, 卢双舫, 李俊乾, 等. 基于扫描电镜的页岩微观孔隙结构定量表征[J]. 中国石油大学学报(自然科学版), 2018, 42(2): 19 – 28.

[178] Li J. J., Jiang H. Q., Wang C., et al. Pore – scale investigation of microscopic remaining oil variation characteristics in water – wet sandstone using CT scanning[J]. Journal of Natural Gas Science and Engineering, 2017, 48: 36 – 45.

[179] 陈美婷. 陇东地区延长组长 4 + 5 油层组储层特征及其发育主控因素研究[D]. 成都: 成都理工大学, 2013.

[180] 尚婷, 曹红霞, 郭艳琴, 等. 致密砂岩储层微观孔隙结构特征及物性影响因素分析——

以延长探区上古生界山西组为例[J]. 西北大学学报(自然科学版), 2017, 47(6): 877 – 886.

[181]郑浚茂, 庞明编. 碎屑储集岩的成岩作用研究[M]. 武汉: 中国地质大学出版社, 1989.

[182]黎盼, 孙卫, 杜堃, 等. 致密砂岩储层不同成岩作用对孔隙度定量演化的影响: 以鄂尔多斯盆地姬塬油田长6储层为例[J]. 现代地质, 2018, 32(3): 527 – 536.

[183]Xi K. L., Cao Y. C., Wang Y. Z., et al. Diagenesis and Porosity – permeability Evolution of Low Permeability Reservoirs: A Case Study of Jurassic Sangonghe Formation in Block 1, Central Junggar Basin, NW China[J]. Petroleum Exploration and Development, 2015, 42(4): 475 – 485.

[184]马宝全, 杨少春, 张鸿, 等. 基于 DEA 定量表征低渗透砂岩储层成岩相: 以鄂尔多斯盆地演武地区延长组长 8_1 段为例[J]. 中国矿业大学学报, 2018, 47(2): 373 – 382.

[185]韩刚. 长岭凹陷泉四段致密油储层孔隙结构表征[D]. 大庆: 东北石油大学, 2018.

[186]Yuan G. H., Gluyas J., Cao Y. C., et al. Diagenesis and Reservoir Quality Evolution of the Eocene Sandstones in the Northern Dongying Sag, Bohai Bay Basin, East China[J]. Marine and Petroleum Geology, 2015, 62: 77 – 89.

[187]于德利. 扫描电镜在砂岩孔隙铸体上的应用[J]. 电子显微学报, 2003, 22(6): 639 – 640.

[188]吴胜和, 熊琦华. 油气储层地质学[M]. 北京: 石油工业出版社, 1998.

[189]徐新丽. 东风港油田特低渗透油藏微观孔隙结构及渗流特征试验研究[J]. 石油钻探技术, 2017, 45(2): 96 – 100.

[190]Sun L. N., Tuo J. C., Zhang M. F., et al. Formation and Development of the Pore Structure in Chang 7 Member Oil – shale from Ordos Basin during Organic Matter Evolution Induced by Hydrous Pyrolysis[J]. Fuel, 2015, 158: 549 – 557.

[191]鲁新川, 张顺存, 蔡冬梅, 等. 准噶尔盆地车拐地区三叠系成岩作用与孔隙演化[J]. 沉积学报, 2012, 30(6): 1123 – 1129.

[192]任大忠. 鄂尔多斯盆地延长组致密砂岩储层微观特征[D]. 西安: 西北大学, 2015.

[193]杨智峰, 曾溅辉, 韩菲, 等. 鄂尔多斯盆地西南部长6 – 长8段致密砂岩储层微观孔隙特征[J]. 天然气地球科学, 2017, 28(06): 909 – 919.

[194]罗蛰潭. 油气储集层的孔隙结构[M]. 北京: 科学出版社, 2003.

[195]陈晶, 王贵文, 周正龙, 等. 致密油储集层孔隙结构分类评价及成因分析[J]. 地球物理学进展, 2017, 32(2): 1019 – 1028.

[196]邸世祥. 中国碎屑岩储集层的孔隙结构及其成因与对油气运移的控制作用[M]. 西安: 西北大学出版社, 1991.

[197]高辉, 解伟, 杨建鹏, 等. 基于恒速压汞技术的特低 – 超低渗砂岩储层微观孔喉特征

[J]. 石油实验地质，2011，33(2)：206 – 211.

[198]Li P. , Sun W. , Wu B. L. , et al. Occurrence Characteristics and Main Controlling Factors of Movable Fluids in Chang 81 Reservoir, Maling Oilfield, Ordos Basin, China[J]. Journal of Petroleum Exploration and Production Technology, 2019, 9(1)：17 – 29.

[199]曹茜. 鄂尔多斯盆地延长组长 7 段富有机质泥页岩储层微观孔隙特征及表征技术[D]. 成都：成都理工大学，2016.

[200]陈生蓉，帅琴，高强，等. 基于扫描电镜 – 氮气吸脱附和压汞法的页岩孔隙结构研究[J]. 岩矿测试，2015，34(6)：636 – 642.

[201]Gao H. , Cao J. , Wang C. , et al. Comprehensive Characterization of Pore and Throat System for Tight Sandstone Reservoirs and Associated Permeability Determination Method Using SEM, Rate – controlled Mercury and High Pressure Mercury[J]. Journal of Petroleum Science and Engineering, 2019, 174：514 – 524.

[202]高辉，王美强，尚水龙，等. 应用恒速压汞定量评价特低渗透砂岩的微观孔喉非均质性：以鄂尔多斯盆地西峰油田长 8 储层为例[J]. 地球物理学进展，2013，28(04)：1900 – 1907.

[203]朱永贤，孙卫，于锋. 应用常规压汞和恒速压汞实验方法研究储层微观孔隙结构：以三塘湖油田牛圈湖区头屯河组为例[J]. 天然气地球科学，2008，19(4)：553 – 556.

[204]Liu M. , Xie R. H. , Wu S. T. , et al. Permeability Prediction from Mercury Injection Capillary Pressure Curves by Partial Least Squares Regression Method in Tight Sandstone Reservoirs[J]. Journal of Petroleum Science and Engineering, 2018, 169：135 – 145.

[205]陶正武. 低渗砂岩孔隙结构特征对有效应力变化的响应[D]. 成都：西南石油大学，2016.

[206]时宇，齐亚东，杨正明，等. 基于恒速压汞法的低渗透储层分形研究[J]. 油气地质与采收率，2009，16(2)：88 – 90.

[207]黄延章. 低渗透油层渗流机理[M]. 北京：中国地质大学出版社，1998.

[208]高辉，孙卫，田育红，等. 核磁共振技术在特低渗砂岩微观孔隙结构评价中的应用[J]. 地球物理学进展，2011，26(1)：294 – 299.

[209]Chen J. , Hirasaki G. J. , Flaum M. NMR Wettability Indices：Effect of OBM on Wettability and NMR Responses[J]. Journal of Petroleum Science and Engineering, 2006, 52(1 – 4)：161 – 171.

[210]任颖惠，吴珂，何康宁，等. 核磁共振技术在研究超低渗 – 致密油储层可动流体中的应用——以鄂尔多斯盆地陇东地区延长组为例[J]. 矿物岩石，2017，37(1)：103 – 110.

[211]黄兴. 致密砂岩油藏储层微观特征精细表征与水驱后剩余油评价——以姬塬油田长 8 储层为例[D]. 北京：中国石油大学，2016.

[212] Al – Mahrooqi S. H., Grattoni C. A., Moss A. K., et al. An Investigation of the Effect of Wettability on NMR Characteristics of Sandstone Rock and Fluid System[J]. Journal of Petroleum Science and Engineering, 2003, 39(3 – 4): 389 – 398.

[213] 闫健平, 温丹妮, 李尊芝, 等. 基于核磁共振测井的低渗透砂岩孔隙结构定量评价方法——以东营凹陷南斜坡沙四段为例[J]. 地球物理学报, 2016, 59(4): 1543 – 1552.

[214] 曹雷, 孙卫, 盛军, 等. 低渗透致密油藏可动流体饱和度计算方法——以板桥地区长6油层组致密油储层为例[J]. 长江大学学报(自科版), 2016, 13(20): 1 – 8.

[215] Eslami M., Ilkhchi A. K., Sharghi Y., et al. Construction of Synthetic Capillary Pressure Curves from the Joint Use of NMR Log Data and Conventional Well Logs[J]. Journal of Petroleum Science and Engineering, 2013, 111: 50 – 58.

[216] 白松涛, 程道解, 万金彬, 等. 砂岩岩石核磁共振 T_2 谱定量表征[J]. 石油学报, 2016, 37(3): 382 – 391.

[217] 谢俊. 剩余油描述与预测[M]. 北京: 石油工业出版社, 2003.

[218] 黎盼, 孙卫, 闫健, 等. 鄂尔多斯盆地马岭油田长 8_1 储层不同流动单元可动流体赋存特征及其影响因素[J]. 石油实验地质, 2018, 40(3): 362 – 371.

[219] SY/T6285 – 2011, 油气储层评价方法[S]. 北京: 石油工业出版社, 2011.

[220] 雷启鸿, 成良丙, 王冲, 等. 鄂尔多斯盆地长7致密储层可动流体分布特征[J]. 天然气地球科学, 2017, 28(1): 26 – 31.

[221] 王为民, 郭和坤, 叶朝辉. 利用核磁共振可动流体评价低渗透油田开发潜力[J]. 石油学报, 2001, 22(6): 40 – 44.

[222] 庞振宇. 低渗、特低渗储层精细描述及生产特征分析——以延长油田延长组长2、长6储层为例[D]. 西安: 西北大学, 2014.

[223] 屈雪峰, 孙卫, 雷启鸿, 等. 华庆油田低渗透砂岩储层可动流体饱和度及其影响因素[J]. 西安石油大学学报(自然科学版), 2016, 31(2): 93 – 98.

[224] 郑庆华, 柳益群. 特低渗透储层微观孔隙结构和可动流体饱和度特征[J]. 地质科技情报, 2015, 34(4): 124 – 131.

[225] 刘天定, 赵太平, 李高仁, 等. 利用核磁共振评价致密砂岩储层孔径分布的改进方法[J]. 测井技术, 2012, 36(2): 119 – 123.

[226] 秦文龙. 旦八油区长 4 +5 油藏剩余油分布与挖潜研究[D]. 西安: 西北大学; 2012.

[227] 黄祥峰, 张光明, 郭俊磊, 等. 计算油藏相渗曲线的新方法及应用[J]. 石油地质与工程, 2013, 27(1): 53 – 55.

[228] 林玉保, 杨清彦, 刘先贵. 低渗透储层油、气、水三相渗流特征[J]. 石油学报, 2006, 27(b12): 124 – 128.

[229] Li P., Sun W., Yan J., et al. Microscopic Pore Structure of Chang 63 Reservoir in Huaqing

Oilfield, Ordos Basin, China and Its Effect on Water Flooding Characteristics[J]. Journal of Petroleum Exploration and Production Technology, 2018, 8(4): 1099 – 1112.

[230]任大忠，孙卫，赵继勇，等. 鄂尔多斯盆地岩性油藏微观水驱油特征及影响因素——以华庆油田长 8₁ 油藏为例[J]. 中国矿业大学学报, 2015, 44(6): 1043 – 1052.

[231]孟庆春，王红梅，闫爱华，等. 低渗透砂砾岩储层不同孔隙类型下的水驱油特征——以二连盆地阿尔凹陷腾一下段储层为例[J]. 西北大学学报(自然科学版), 2018, 48(6): 850 – 856.

[232]王相. 水驱油田井网及注采优化方法研究[D]. 青岛：中国石油大学(华东), 2016.

[233]Wang J. M., Zhang S. Pore Structure Differences of the Extra – low Permeability Sandstone Reservoirs and the Causes of Low Resistivity Oil Layers: A Case Study of Block Yanwumao in the Middle of Ordos Basin, NW China[J]. Petroleum Exploration and Development, 2018, 45: 273 – 280.

[234]赵习森，畅斌，张佳琪，等. 密井网条件下不同流动单元剩余油分布研究——以延长油田双河区块为例[J]. 非常规油气, 2016, 3(6): 60 – 65.

[235]赵明. 低流度油藏流体渗流特征及应用研究——以大港南部油田为例[D]. 成都：成都理工大学, 2012.

[236]李跃林，段迎利，王利娟，等. 基于流动单元的原始地层电阻率反演及其应用[J]. 西安石油大学学报(自然科学版), 2016, 31(4): 32 – 37.

[237]张喜平. 非均质油藏的定量精细描述和剩余油挖潜研究——以文中油田 25 断块为例[D]. 北京：中国地质大学, 2011.

[238]任晓霞. 致密储层微观孔隙结构对渗流规律的影响研究[D]. 青岛：中国石油大学(华东), 2016.